지금 당신의 몸이 위험합니다

건강한 일상을 보낸다고 착각하는 당신을 위한 지식 한입

# 지금 당신의 몸이 위험합니다

강상욱 지음

네임리스북스

우리는 참 편리한 세상에서 살고 있습니다. 길을 걷다 보면 블록마다 편의점을 발견할 수 있고, 몇 발짝 지나면 또 카페가 있곤 합니다. 쉽게 소비하고 쉽게 버릴 수 있는 환경에 살고 있다고 해도 과언이 아닙니다.

그런데 이런 편리함의 이면에 우리 몸을 위협하는 화학물질이 있다면 어떨까요? 여전히 편리함에 속아 그대로 일상을 살아갈까요? 아니면 바뀌려 노력할까요? 이 책은 단순한 고민에서 시작되었습니다.

"인간은 왜 아플까?"

요즘 들어 주변을 보면, 쉽게 지치고 쉽게 아픈 친구들을 많이 봅니다. 특히 젊은 친구들은 아토피, 알레르기, 비염, 감기 등등 참 다양하게도 자주 아픈 모습을 볼 수 있습니다. 제가 어릴 적만 해도 산과 들에서 뛰어놀아도 쉬이 감기 한 번 걸리지 않았는데 무슨 차이가 있는 걸까요? 어쩌면 당연하고 어쩌면 무시하고 있던 사실, 바로 환경오염입니다. 인간이 만든 화학물질이 지구에 녹아들면서 인류의 건강까지 위협하기 시작한 것입니다. 단순히 지구가 아프니 환경을 보호해야 한다는 그런 뻔한 말이 아닙니다. 지금 당신의 몸이 위험하다는 말을 하려는 겁니다.

편의점에 쉽게 살 수 있는 PET 생수병, 배달 음식을 지켜주는 종이 포일, 손님맞이용 티백, 생고기를 포장한 랩, 불면증을 달래주는 향초 등등 우리는 매일 물건에 둘러싸여 하루하루를 보냅니다. 그리고 그 물건들 속에는 우리가 미처 생각하지 못한 화학이 숨어 있습니다. 알지 못해서 또는 관심이 없어서 무심코 지나쳤던 것들이 우리의 건강을 위협하는 존재가 되어 돌아오고 있습니다. 이제라도 건강한 일상을 만들고 싶다면, 깨쳐야 합니다. 당신이 어떤 위험 속에서 살고 있는지, 당신이 웃으며 먹고 마시는 것들이 어떻게 당신을 병들게 하는지 말입니다.

"그저 생활의 편리를 위해 발전한 지금의 환경이 사실 인류를 병들게 하는 지름길을 마련한 거라면?"

누군가는 아주 작은 의심이라 여길지 모르겠습니다. 그러나 언제나 진실엔 근거가 있기 마련입니다. 이 책은 병드는 지름길을 마련해 버린 현 인류의 문제적 일상을 파헤치기 위해 쓰였습니다. 오해나 착각으로 인해 오남용되고 있는 것들은 무엇이 있는지 알고, 올바르게 사용했으면 하는 작은 바람을 담아 만들었습니다.

화학 교수로서 일상에 존재한 위험을 외면할 수 없었기에 강의에서 방송에서 많은 이들에게 전달하기 위해 힘을 썼지만, 한계가 있을 수밖에 없었습니다. 그래서 글로 담았습니다. 너무 어렵지 않게 쉽게 이해할 수 있도록 한 자 한 자 마음을 담아 써 내려갔습니다. 너무 당연해서 잊고 있던 문제부터 알게 모르게 인간을 서서히 무너트리고 있던 물질들까지 최소한 알고 있어야 할 일상적인 화학 지식을 쉽게 풀기 위해 노력했습니다.

티백 한 개, PET 생수병 하나에도 미세 플라스틱이 검출되는 시대, 연일 뉴스에 환경 이야기가 화제로 떠오르는 시대, 이제는 알아야 합니다. 알아야 삽니다. 모르면 불안하고, 모르면 무서울 뿐입니다. 하지만 안다면 바꿀 수 있습니다. 안다면 변할 수 있습니다. 이 책은 단순히 일상의 무서움을 경고하는 책이 아닙니다. 우리가 무엇을 몰랐고, 또 무엇을 알아야 하는지에 대해 설명하는 책입니다.

지금 당장은 체감되지 않더라도, 지금 당장 눈으로 확인할 수 없더라도 이미 인류의 인체는 영향을 받고 있습니다. 이것은 무시한다고 없어질 사실이 아닙니다. 낯선 화학 이야기라 어렵게만 느껴질 수도 있습니다. 그러나 이 책은 심심하고 지루한 하얀 가운 뒤의 삭막한 연구실 속 화학이 아니라, 우리 일상을 가득 채운 화학을 이야기하고 있습니다. 당신이 알아주길 바라서 그렇습니다. 이 책을 쓴 목적은 아주 명료합니다. 좋은 것과 그럴듯해 보이는 것을 가려낼 줄 아는 판단력을 오늘 이 책을 펼친 당신에게 선물하려 합니다.

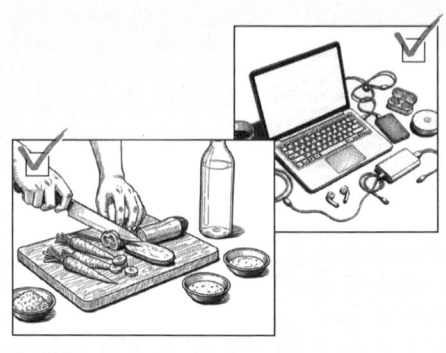

# 당신이 잘못 알고 있던 파묻힌 진실들

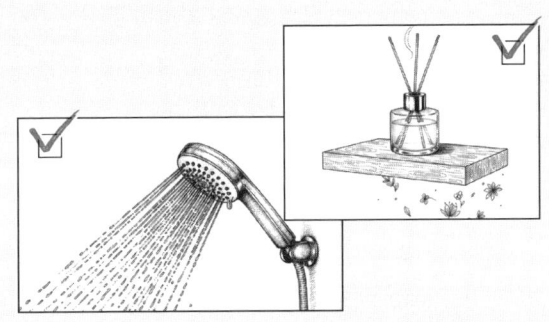

## 03

# 당신의 수명을 갉아 먹는 일상 속 위험

# 우리 아이들의 미래가 보이지 않는 이유

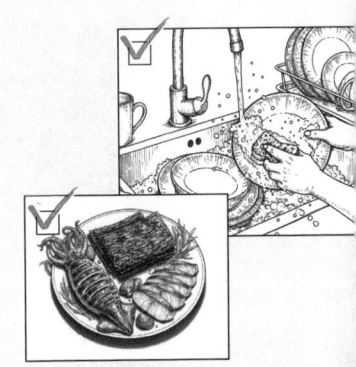

# 당신이
# 속은
# 광고 속
# 거짓말

# 안심을 주는
# 거짓 광고

# 천연 제품은
# 안전하다는 거짓말

천연이라는 말이 주는 안도감은 크다. 환경을 지키고 있고, 현명한 소비를 하고 있다는 착각마저 들게 한다. '천연 제품', '천연 물질 유래 성분 함유', '친환경' 등등 다양한 표현을 달고 제품들이 쏟아져 나온다. 영어로 Eco, Organic, Non-toxic, All natural 등의 표현도 이제는 전혀 낯설지 않은 표현이 되었다. 그만큼 판매에 영향을 주는 표현이 되었기에 기업들이 애용하는 표기가 된 것이다.

과연 천연은 안전할까? 담배도 천연 제품이다. 자연에서 유래했지만, 우리 몸에 유해하단 사실을 모르는 사람은 없다. TV에 나온 노담 캠페인만 봐도 담배에 대한 사회적 인식이 좋지 않다는 건 쉽게 알 수 있다. 또 다른 예로 대마초와 같은 마약도 천연 성분이다. 그러나 마약이 안전하다고 생각하는 사람은 없다. 그렇다면 플라스틱은 어떨까? 아마 대부분의 사람이 인공 제품이라고 믿을 것이다. 하지만 플라스틱도 원료 측면에서 살펴보면 천연 제품이라고 할 수 있다. 대표적인 플라스틱인 PE(폴리에틸렌)polyethylene의 원료는 에틸렌ethylene인데, 에틸렌이 바로 천연 물질인 석유에서 뽑아내는 성분이기 때문이다. 이렇게 보면 원료 측면에서 천연이 아닌 제품은 하나도 없다. 주변의 어떤 것을 봐도 모든 원료는 천연에서 출발한다. 애초에 천연 물질로 모든 제품을 만드는데, 천연을 강조하는 것은 아이러니가 아닐 수 없다.

그럼, 반대로 가공한 건 무조건 위해하다고 볼 수 있을까? 아니다. 플라스틱만 봐도 재활용이 안 되면 난방 연료로 사용된다. 즉, 천연 물질을 그 자체로 사용하건 가공해서 사용하건 간에 천연이라는 용어는 안전성과 직접적 연관성이 없다는 사실을 기억해야 한다.

소비자는 무의식적으로 천연을 안전과 결부시키기 때문에 기업에서 이를 마케팅으로 활용하는 경우가 많다. 대표적인 예로 'BPA free 천연 제품'이라고 표기하는 경우다. BPA는 비스페놀에이bisphenol-A의 약자로 인체에 들어오면 악영향을 끼치는 환경호르몬이다. 그래서 전 세계 각국에서 대표적인 화학물질로 지정해 관리하고 있다. 과거 단단하고 투명한 폴리카보네이트polycarbonate 소재의 식품 용기가 선풍적인 인기를 끈 적이 있다. 그런데 여기서 BPA 용출 가능성이 대두되며 시장에서 폴리카보네이트는 점차 사라졌다. 이후 BPA를 사용하지 않는 제품들이 등장하기 시작했고 제품 표면에 BPA가 없다는 걸 강조하기 위해 BPA-free 라벨을 큼지막하게 붙이는 게 트렌드가 되었다. 마케팅을 통해 '특정 기능을 가진 천연 유래 추출물 함유' 문구를 많이 보았을 것이다. 그러나 우리는 특정 유해 물질이 없다고 해서 그 전체가 안전하다는 근거가 될 수 없단 걸 명심해야 한다. 하나의 가공식품에 들어가는 화학성분만 해도 여러 종류이며, 매우 많아 특정 성분이 안전하더라도 그것이 곧 제품의 안전성을 입증하진 않는다는 사실을 기억할 필요가 있다.

# 소식하면 살 빠진다는
# 잘못된 믿음

최근 발표된 논문[1]에서 LCA(리토콜산)Lithocholic Acid이 CR(칼로리 제한)Calorie Restriction의 항노화 효과를 재현할 수 있는 대사체임이 밝혀졌다. 이 연구는 쥐, 선충, 초파리를 활용하여 LCA가 칼로리 제한 중 나타나는 건강상 이점을 어떻게 구현하는지 심층적으로 다뤘다. 칼로리 제한, 일명 소식은 건강 증진과 수명 연장에 기여 효과가 있는 것으로 이미 잘 알려져 있다. 소식을 하면 체내에서 여러 대사적 변화가 일어나게 된다. 그리고 이때 LCA가 중요한 역할을 한다는 것이 밝혀졌다.

LCA는 담즙산 대사 과정 중 장내 미생물에 의해 생성된다. 그리고

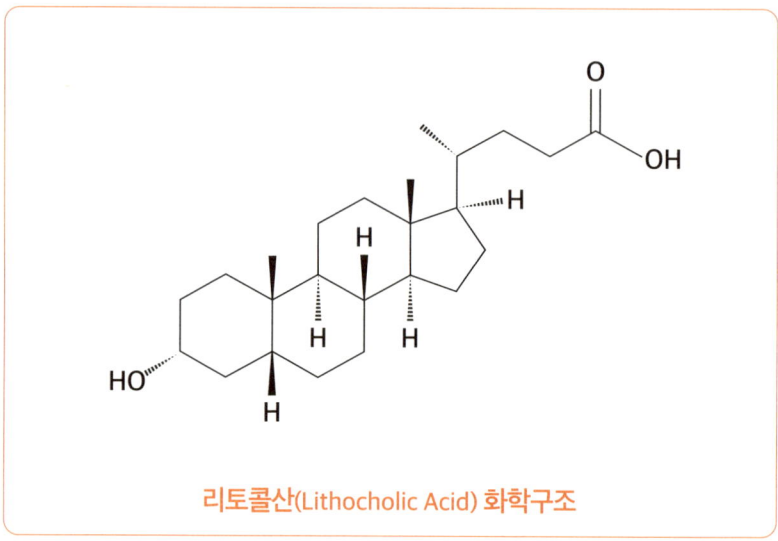

**리토콜산(Lithocholic Acid) 화학구조**

소식할 때 그 농도가 증가하는 것으로 나타났다. 구체적으로 해당 연구진은 소식이 건강에 미치는 영향을 조사하면서 혈중 LCA 농도의 변화를 추적했다. 그리고 LCA를 외부에서 투여했을 때, 생물학적 효과를 유발하는지도 분석했다.

그 결과, 소식한 쥐는 혈중 LCA 농도가 증가하는 것이 확인되었다. 그리고 이렇게 증가한 LCA는 AMPK<sup>AMP-activated protein kinase</sup>*를 활성화함으로써 노화 방지, 에너지 균형 유지, 대사 개선, 항염증 효과를 유도할 수 있음이 밝혀졌다. 그리고 초파리와 선충은 LCA를 자체적으로 합성하지 못해 외부에서 LCA를 투여하는 방식으로 LCA 효과를 심층

---

*  AMPK: AMP-활성 단백질 인산화효소.

당신이 속은 광고 속 거짓말

적으로 규명했다. 그 결과 매우 놀랍게도 투여된 LCA는 AMPK를 활성화하며 수명 연장과 건강 증진 효과를 나타냈다. 이는 LCA가 소식의 생리적 효과를 재현할 수 있음을 보여준다. 소식하지 않아도 유사 효과를 볼 수 있는 세상이 온 것이다. 이번 연구는 LCA를 활용한 건강 증진 및 항노화 전략의 개발 가능성을 제시하였다는 측면에서 매우 의미가 크다.

다만 해당 연구는 초파리로 진행된 연구이기 때문에 아직 사람에게서 동일한 효과가 나타나는지는 명확히 알 수 없다. 게다가 체내에 과량 리토콜산이 늘어날 경우, 간 독성이 나타난다는 연구 결과도 있어, 사람에게 동일한 효과가 나타난다는 게 입증되더라도 적정량에 대해 오랜 시간 연구가 필요하다.

**올바른 생활 습관 TIP**

이 연구를 토대로 제약 회사도 발 빠르게 움직일 것이다. 'Nature에서 입증된 항산화 물질 함유'라는 문구와 함께 영양제를 출시한다면, 사지 않을 사람은 없을 것이다. 하지만 정작 구매했을 때 소식과 같은 효과가 나타난다고 보기 어렵다. 사람에게서 초파리와 같은 효과가 나타나는지 입증되지 않았기 때문이다.

# 전기제품의 전자파는
# 막을 수 없어

2023년 12월 기사가 하나 올라온다. '전자파 Zero'를 강조하는 광고문구의 전기장판이 사실은 전자파가 발생한다는 기사였다. 겨울에는 필수품이나 다름없는 전기장판이기에 건강을 위해 전자파 차단 문구를 찾아 구매하는 소비자라면 배신감을 느끼기 충분한 내용이었다.

국립전파연구원에서 발행하는 KC 인증과 한국기계전기전자시험연구원에서 발행하는 EMF(전자기장 환경) 인증과 같은 전자파 인증과 전자파 차단이라는 문구가 있다면, 소비자는 안심하고 구매하고 만다. 그러나 실제로는 전자파 차폐 기술을 활용해 시험기관 인증을 받은 것뿐이다. 그리고 인체 보호 기준치보다 낮은 전자파가 발생해도 인증 또는 차단이란 문구를 달 수 있다. 한마디로 '전자파 Zero'가 아니다. 전자파가 완전히 차단될 것으로 기대하고 더 비싼 금액을 지급했다면 마케팅에 당한 것이다. 전자파 제로는 전자파에 대한 소비자의 불안 심리를 이용한 것에 불과하다.

그럼, 전자파의 위험성은 어느 정도일까? 아래 표를 보면 알 수 있다. IARC(국제암연구소)의 발암물질 등급에 따르면 전자파는 그룹 2B로 분류되고 있다. 그룹 1은 사람과 동물에 대해서 발암 가능성이 명확한 경우를 말한다. 그룹 2A는 사람에게는 근거가 제한적이지만, 동물에 대해서는 발암성에 대한 증거가 충분한 경우에 부여한다. 그룹 3은 사람과 동물 모두에게 발암 가능성이 불충분해서 발암물질로 분류하기 곤란한 경우다. 여기서 그룹 2B는 그룹 2A와 그룹 3의 사이에 있다. 한마디로 사람이건 동물이건 발암성을 명확히 확인할 수는 없지만, 그렇다고 해서 발암물질이 아니라고 명확히 말할 수 없는 단계를 말한다. 즉 인체발암 가능성이 있는 수준으로 분류한다. (2A는 인체 발암 가능성이 높은 단계다) 이것이 WHO(세계보건기구) 국제암연구소가 전자파를 그룹 2B에 해당하는 발암 가능 물질로 지정하면서 4 mG를 기준으로 삼은 이유다.

세계보건기구에선 사전 예방 차원에서 어린이의 휴대전화 사용 자제를 권고하고 있다. 특히 어린이나 청소년은 신체적 미성숙으로 전자파에 더 취약할 수 있기 때문이다. 그나마 다행인 건 전자파가 위험하다고 말할 수 있는 근거가 아직 미약하다는 사실이다. 하지만 엑스레이나 CT 등에서 발생하는 전기 전자파는 위험하다고 이미 결론이 났기에

## 국제암연구소(IARC)의 발암물질 등급

| 그룹 | | 사람에 대한 발암성 | 인자 |
|---|---|---|---|
| 1 | | 사람에게 발암성이 있는 그룹<br>- 통상 사람에 대한 연구에서 발암성에 대한 충분한 증거가 있음 | 담배, 석면 등 118종 |
| 2 | A | 암 유발 후보 그룹<br>- 통상 사람에서는 증거가 제한적<br>- 동물실험에서 발암성에 대한 충분한 증거가 있음 | 디젤엔진 매연,<br>자외선 등 79종 |
| | B | 암 유발 가능 그룹<br>- 통상 사람에 대한 발암성 근거가 제한적<br>- 동물실험에서도 발암근거가 충분치 않음 | 가솔린엔진 가스,<br>젓갈 등 291종 |
| 3 | | 발암물질로 분류 곤란한 그룹<br>- 사람에 대해 발암 가능성이 불충분한 경우<br>- 동물에 대해 발암 가능성이 불충분한 경우 | 커피, 카페인,<br>콜레스테롤 등 507종 |
| 4 | | 사람에 대한 발암성이 없는 것으로 추정 | 카프로락탐 |

경각심을 가질 필요는 있다. 그리고 일상생활 속 전자파라 하더라도 오랜 시간 노출됐을 때는 위험할 수도 있기에 기준을 마련해 지켜야 한다.

### 올바른 생활 습관 TIP

어떤 제품이든 전자파는 발생원으로부터 거리가 멀어질수록 급격히 감소하는 특징이 있다는 사실을 기억하는 게 좋다. 예를 들면 전기매트는 가급적 낮은 온도로 설정하고 너무 오랜 시간 사용하는 걸 자제해야 한다. 이렇듯 안전기준을 세우고 올바르게 사용한다면 전자파의 위험성을 크게 염려할 필요는 없다.

# 친환경 페인트의
# 숨겨진 진실

새집증후군을 일으키는 원인으로는 페인트, 접착제, 가죽제품 등이 있다. 특히 페인트가 주요 원인이다. 그래서 나온 게 바로 친환경 페인트다. 친환경이라서 문제가 전혀 없을 거 같지만, 실상은 아니다. 실제로 2020년 현대중공업 등 조선사 도장 작업 노동자에게서 집단 피부발진 현상이 나타났다. 회사가 새로 도입한 친환경 도료가 원인이었다.

페인트 성분은 제조사마다 다르지만, 보통 수십 종의 화학성분이 섞여 있다. 그 중 대표적인 게 바인더binder와 솔벤트(용매) 그리고 안료다. 바인더는 안료가 잘 분산되게 하는 역할을 하는데, 주성분이 에폭시 수지[epoxy resin]다. 에폭시 수지는 BPA(비스페놀에이)[Bisphenol-A]를 원료로 제조하는 경우가 많다. 그리고 여기서 반응하지 않고 남은 BPA가 우리 몸에 유입되면 호르몬처럼 작용할 수 있다. 대표적인 환경호르몬으로 내분비계 교란을 일으켜 주의가 필요하다.

솔벤트로는 휘발성이 좋은 톨루엔[toluene]과 벤진[benzene](독일식 발음은 벤젠)이 가장 널리 사용되고 있다. 그리고 이 두 가지가 페인트 특유의 퀴퀴한 냄새의 주원인이기도 하다. 이 중 톨루엔은 호흡기로 들어가게 되면 여성의 월경장애와 폐 독성을 보일 수 있다. 그리고 벤진은 대표적인 발암물질로, 호흡기뿐만 아니라 피부를 통해서도 흡수되기에 주의가 필요하다.

대표적인 에폭시 수지(epoxy resin) 화학구조

그리고 접착력을 높이기 위해 페인트에 포름알데히드[formaldehyde]도 사용하는데, 이건 국제암연구소에서 1군 발암물질로 지정한 위험 성분이다. 잔류하고 있다가 서서히 휘발되어 날아가는 특징이 있는데, 문제는 몇 년에 걸쳐 서서히 일어난다는 사실이다. 그러므로 페인트 작업을 할 때 환기는 필수로 해야 하며, 작업 완료 후에는 잔류하는 포름알데히드를 제거하기 위해 베이크 아웃*을 수차례 한 뒤에 입주하는 게 안전하다.

그 밖에도 페인트 성분 중 백색안료에는 납이 들어가는 데, 이게 체내로 들어와 문제를 일으킬 수도 있다. 혈중 납 성분이 높아지게 되면 언어 인지, 성장 지연, 두통, 빈혈 등을 유발할 수 있다. 결국 친환경 페인트라고 해서 위험성이 없는 것이 아니다. 여러 위험한 성분들 중에서 1~2개만 없애고 '친환경' 혹은 '무독성'이라는 표기를 쓰는 건 하나의 마케팅 수단일 뿐이란 것을 알아야 한다. 그렇다고 해서 실내 인테리어 및 건축의 필수품인 페인트를 사용하지 않고 살라는 말은 아니다. 정부에서도 기준치를 부여해서 납 농도를 관리하고는 있지만, 페인트에는 바인더, 솔벤트(용매), 벤진, 톨루엔, 포름알데히드, 납 등 위험한 성분이 많다는 것을 늘 인지하고 혹시라도 피부에 닿지 않도록 주의하는 게 좋다.

---

**올바른 생활 습관** `TIP`

페인트를 사용할 때, 만약 스프레이 타입을 사용한다면 반드시 야외에서만 사용하는 등 주의를 기울여야 한다. 페인트 작업 후에도 베이크 아웃 등을 통해 최대한 새집증후군이 일어나지 않도록 하는 게 중요하다. 이렇게 일상에서도 노출을 최소화하기 위해 노력하는 것이 건강을 지키는 가장 현명한 방법이라고 할 수 있다.

---

\* 베이크 아웃: 빈 곳의 실내 온도를 높여서 잔류하는 포름알데히드 등의 휘발성유기화합물(VOC)를 빼내고 환기한 뒤, 다시 온도를 높이는 방식을 반복하는 방법.

# 커피 대신
# 화학을 우려낸 드립백

　현대인의 필수품 커피, 이제는 드립백을 통해 어디서든 쉽게 원두커피를 마실 수 있는 시대가 되었다. 컵에 일회용 드립백을 걸고 부으면 간단하게 커피를 내릴 수 있다. 그런데 최근 한 연구 결과[2]가 드립백의 위험성에 대해 경고하고 있다.

　해당 연구는 국내 유통 중인 8개 브랜드의 드립백을 대상으로 진행되었다. 드립백 속 커피 가루는 제거하고, 빈 필터만을 대상으로 95 ℃의 물을 부어 1분, 3분, 5분간 우려낸 뒤 그 물속에 존재하는 미세 플라스틱을 분석했다. 분석 결과, 추출 시간이 길수록 미세 플라스틱 양이 증가했다. 5분간 우린 제품 중 일부는 최대 12,800개의 미세 플라스틱

당신이 속은 광고 속 거짓말

입자가 검출되었다. 하루 3~4잔의 드립백 커피를 마시는 사람이라면, 하루 최대 5만 개, 연간 수백만 개의 미세 플라스틱을 섭취할 수 있단 뜻이다. 검출된 고분자 물질의 순위는 다음과 같았다.

**Rayon 〉 PE 〉 PET 〉 PP**

이 중 레이온Rayon은 거의 모든 샘플에서 검출되었다. 문제는 이 레이온이라는 섬유가 단순한 천연 유래 소재가 아니라는 점이다. 레이온은 셀룰로오스를 원료로 한 반합성 섬유로 생산 과정에서 여러 화학약품이 들어간다. 겉보기엔 종이 같고 식물성 섬유처럼 느껴지지만, 최근 미세 플라스틱 연구에서는 레이온을 일반 플라스틱과 유사한 오염원으로 분류되고 있다. 게다가 레이온은 고온·고압에서 섬유가 쉽게 풀려 미세한 형태로 방출되는 특성도 가지고 있다. 이런 이유로 티백이나 드립백 등의 고온 접촉 식품 포장재가 주요한 위해 인자로 지목되고 있다.

일부 브랜드는 레이온과 PET만 검출되기도 했는데, 이를 통해 필터 재질이 미세 플라스틱 방출에 큰 영향을 미친다는 것을 알 수 있다. 커피 한 잔은 금세 마시고 잊히지만, 그 속에 섞여 들어온 미세 플라스틱 입자는 인체와 환경에 장기적으로 남을 수 있다. 드립백 커피는 분명 편리한 선택이지만, 드립백의 재질에 따라 우리의 건강에 영향을 줄 수도 있는 제품이라는 것을 꼭 기억하길 바란다.

종이는 나무만을 이용해 만들어지지 않고, 다양한 화학약품을 통해 만들어지기 때문에 반드시 식품용 인증을 받은 종이인지 확인해야 한다. 소비자는 드립백 필터가 무염소 표백(TCF), PFAS-Free, 비표백 등의 문구가 표시된 제품인지 확인할 필요가 있다. 단순히 천연 종이 사용이라는 말보다 더 안전할 가능성이 높으니 참고하는 게 좋다.

# 우리 아기 젖병이
# 위험하다

세상에 갓 태어나 아직 어설프고 연약한 존재가 주는 행복을 부모라면 누구나 알 것이다. 그리고 그런 아이가 쑥쑥 성장할 수 있게 모든 유해 물질을 치워주고픈 것 또한 부모의 마음일 것이다. 그런데 만약 아기가 매일 사용하는 젖병에서 환경호르몬이 나온다면 어떨까?

이전에 환경호르몬인 BPA가 젖병에서 검출된 적이 있다. 예전에는 BPA를 원료로 만든 폴리카보네이트polycarbonate가 젖병의 소재로 사용되었기 때문에 발생한 일이었다. 논란이 있고 난 후, 폴리카보네이트는 젖병으로 더 이상 쓰이지 않게 되었다. 요즘은 PPSU(폴리페닐설폰) Polyphenylsulfone 플라스틱 소재를 사용하고 있다. 사용 온도는 180 ℃에 이르고, 충격강도도 매우 우수하며, 내가수분해성 또한 우수하다. 이런 PPSU 소재를 활용한 젖병을 보면, 대부분 제품 겉면에 'BPA free'라는 문구가 쓰여 있다. 예전에 논란이 됐던 BPA가 없으니 안심하고 사용해도 된다는 메시지를 던지는 것이다.

폴리페닐설폰(Polyphenylsulfone, PPUS) 화학구조

그러나 PPSU에서는 이론상 다른 물질이 나올 수도 있어 주의해야 한다. PPUS에서는 BPS bisphenol-S와 DHBP 4,4'-dihydroxybiphenyl가 용출될 수 있다. 이중 BPS는 BPA에 비해 상대적으로 연구 결과가 매우 적어 향후 유해 독성 결과가 밝혀질 수도 있기 때문에 주의가 필요하다. (스위스에서는 영수증 감열지에 BPA 외에 BPS도 사용 제한 규정을 이미 시행하고 있다) PPSU를 판매하는 회사들은 '자체 시험분석 보고서'를 보유하고 있다. 그래서 BPS 농도는 미검출이거나 기준치 이하이기 때문에 안심해도 된다고 어필한다. 그러나 해당 회사들이 테스트한 시기는 초기라는 것을 알아야 한다. PPSU 소재 특성상 사용 초기에는 BPS 용출을 우려할 필요가 전혀 없다. 다만 오랜 시간이 지나면 얘기는 달라진다. 플라스틱 제품의 경우, 오랜 기간 사용하다 보면 분해 현상이 일어나는데, 이에 따라 잔류하고 있던 BPS 성분이 용출될 수도

있다. 따라서 PPSU 소재의 보틀로 구성된 젖병이라면 정기적으로 교체해서 사용하는 게 바람직하다.

BPS 화학구조 　　　　　　　　　　　DHBP 화학구조

게다가 PPSU에는 설포레인Sulfolane이라는 화학물질도 나온다. 설포레인은 PPSU의 중합 용매제로 사용되는데, 잔류 성분이 남아서 문제를 일으킬 수 있다. 논문[3]에 따르면, 동물실험에서 임신한 랫드에게 설포레인을 과량 노출했더니 생식독성이 확인되었다. PPSU에서 설포레인 성분은 1,300 ppm까지 관찰되는데, 현재까지도 별도의 규정이 없다는 게 문제다. 현재 유통되고 있는 PPSU 제품에 설포레인이 얼마나 잔류하고 있는지, 회사마다 잔류량은 얼마나 차이가 나는지 알 수 없기 때문에 주의가 필요하다.

**올바른 생활 습관 TIP**

만약 PPSU 소재의 젖병을 구매했다면, 잔류하고 있을지도 모르는 설포레인을 제거하기 위해 열탕 소독을 먼저 하는 게 좋다. 5~10분 정도 열탕 소독하는 것만으로 대부분의 설포레인 성분을 제거할 수 있기 때문이다.

이번에는 아기들 입에 들어가는 젖병의 젖꼭지에 대해서 알아보자. 젖꼭지의 소재는 대부분 실리콘이라고 불리는 폴리실록세인polysiloxane 소재를 사용한다. 열, 산성, 염분, 기름 성분에 강하고 안전성이 뛰어난 소재다. 마냥 안전하기만 할 것 같은 이 실리콘 소재도 꽤 충격적인 연구 결과가 공개된 적이 있다.

세계적인 저명 저널에 논문[4] 하나가 실렸다. 실리콘 고무 소재의 젖꼭지를 증기 소독할 경우, 미세 및 나노 크기의 플라스틱이 방출되는 것이 확인됐다는 내용이었다. 해당 연구는 광열 적외선 현미분광법optical photothermal infrared microspectroscopy으로 연구를 진행했다. 중국 현지에서 진행된 실험이었다. 4종류의 젖병의 젖꼭지를 10분간 스팀 소독하고 상온(25 ℃)에 두고, 정제수로 3회 세척한 뒤, 다시 10분간 스팀 소독을 진행했다. 총 60회를 반복했고, 실리콘 고무 젖꼭지를 씻어낸 정제수에 미세 플라스틱과 나노 플라스틱이 다량 검출된 걸 확인했다. 다만 확실히 해야 할 점은 중국 제품을 대상으로 실험했다는 사실이다. 회사마다 분자량, 다분산지수 경화 정도 등에 차이가 나기 때문에 우리나라 제품의 결과처럼 받아들이는 건 바람직하지 않다. 게다가 폴리실록세인polysiloxane 소재는 100 ℃ 정도의 온도에서 쉽게 분해되는 고분자 조직이 아니다.

그렇다면 마냥 안심해도 되는 것일까? 불행히도 그렇지는 않다. 이런 고분자 소재는 시간이 지나면 분해 현상을 겪게 되는데 고온처리를 하면 속도가 더 빨라진다. 따라서 얼마나 좋은 제품을 구매했든지 간에 오랜 시간 잦은 고온처리 앞에서는 장사가 없다. 그리고 요새 UV살균소독도 많이 하는 추세인데, 이 UV 역시 고분자 조직의 분해를 앞당기는 요인이다. 균을 완벽히 없애겠다는 일념으로 너무 오랜 시간 UV살균소독을 하면 우리 아이에게 미세 플라스틱만 많이 먹이게 될 뿐이라는 뜻이다.

마지막으로 주의할 점은 바로 잔류 세제다. 유아 전용 세제라고 아무리 안전성을 강조하더라도 그 안의 계면활성제가 들어있단 사실을 기억해야 한다. 만약이라도 우리 아이가 계면활성제를 먹는 상황은 반드시 피해야 한다. 폴리실록세인 소재는 다른 일반 플라스틱(PP 또는 PE 등)에 비해 세제의 흡착 능력이 더 뛰어나 일반적인 세척으로는 세제가 잔류할 가능성이 매우 높다. 실제 식기세척기를 통해 나온 실리콘 용기에서 여전히 남아 있는 미끈거림을 경험해 본 적이 있을 것이다. 실리콘 젖꼭지를 세척할 때는 이 미끈거림이 남지 않도록 최대한 세제의 양을 적게 사용하는 것이 중요하다. 그리고 무엇보다 헹굼 시간을 충분히 가져야 한다. 미끈거림이 느껴지면 세제가 남아 있다는 뜻이니, 그 느낌이 완전히 사라질 때까지 헹구는 게 중요하다.

---

**올바른 생활 습관 TIP**

**열탕 소독과 UV소독을 아예 하면 안 되는 것일까?**
정답은 '처리 시간'에 있다. 열 중탕은 30초면 충분하고, UV소독도 30초면 충분하다. 이렇게 짧은 시간으로 소독을 마무리하면 실리콘 젖꼭지의 분해 속도를 더디게 진행할 수 있다. 그리고 '젖병의 교체 주기'를 짧게 가져가는 것도 매우 중요하다. 아무리 고가의 제품이라 하더라도 미련 없이 3개월마다 교체해서 사용하게 되면 아이에게 미세 플라스틱을 먹일 가능성은 급격히 낮아지게 된다. 그뿐만 아니라 교체 주기를 짧게 하면, 보틀로부터 발생할 수 있는 미세 플라스틱의 섭취 가능성도 낮출 수 있다.

# 식탁에 오른
# 미세 플라스틱

# 이제 소금도
# 안심할 수 없다

천일염이란? 바닷물을 염전으로 끌고 와 이를 태양열이나 바람으로 물을 날리고 만들어낸 소금을 말한다. 입자가 굵고 거친 것이 특징이며, 흔히 '굵은소금'이라고 불린다. 사람들이 궁금해하는 것 중 하나가 바로 '천일염 섭취의 필요성'이다. 어디서는 꼭 섭취해야 할 것처럼 설명하고 또 어디에서는 오히려 위험하다고 한다. 그래서 천일염을 먹어야 하는지, 말아야 하는지 논란과 고민이 많다.

첫 번째 논란은 미네랄이 많은지, 아닌지에 대해 것이다. 소금의 주성분인 염화나트륨$^{NaCl}$도 미네랄의 일종이지만, 일반적으로 말하는 '미네랄이 풍부하다'의 기준은 나트륨 외에 미네랄이 얼마나 많은지를 말한다. 칼슘, 마그네슘, 칼륨 등 미네랄 성분이 천일염에는 풍부한 편이지만 반드시 구매해서 섭취할 필요는 없다. 마그네슘이나 칼륨은 채소나 과일에 풍부해서 굳이 미네랄 섭취만을 목적으로 한다면 천일염만 고집할 필요가 없다. 애초에 식물성 음식을 많이 먹는 채식주의자라면 미네랄을 따로 섭취할 필요가 없다.

두 번째 논란은 바로 중금속 용출 논란이다. 먼저 바닷속의 중금속 오염 논란은 하루이틀새 일어났던 이슈가 아니다. 바닷물 속 중금속과 미세 플라스틱에 대한 경고가 가득한 환경 기사를 누구나 한 번쯤은 보았을 것이다. 간단히 예를 들면 오징어는 2010년 대비 2017년에 오징어 내 카드뮴 중금속 비율이 높아졌다.[5] 해양 생물에게까지 영향이 갔을 정도이니 바다에서 바로 정제 없이 얻어낸 천일염의 오염도에 대해 우려의 목소리가 나오는 것은 당연했다. 결국, 사람들의 불안이 점차 높아졌고, 정부는 2021년 12월 천일염과 기타 소금 등 총 81개의 제품을 수거해 중금속 테스트를 진행했다. 결과는 모두 기준치인 0.5 ppm 이하로 측정되어 적합 판정을 받았다. 그러나 이 결과만 가지고 안심할 수는 없다. 미래에는 오징어처럼 언젠가 지속적으로 중금속 비율이 높아져 오염될 수 있기 때문이다. 게다가 일본에서 대놓고 방사능오염수를 방류하고 있으니, 정부는 더욱 지속적으로 바닷물 오염 관리에 힘쓸 필요가 있다.

세 번째 논란은 바로 환경호르몬이다. 논란의 원인은 PVC(폴리염화비닐) 장판이다. 바닷물을 염전으로 끌고 온 뒤 증발시키는 작업을 통해 천일염을 얻는데, 때때로 PVC 장판에 바닷물을 증발시키는 경우가 문제가 된 것이었다. PVC는 부드럽게 만들기 위해 가소제*를 필수적으

로 사용한다. 프탈레이트<sup>phthalate</sup> 가소제를 사용하는데, 이것이 독성을
가진 환경호르몬**이어서 인체 유입에 대한 논란이 있었다. 실제로 햇
볕이 내리쬐는 PVC 장판 위에 소금을 올려놓으면, 프탈레이트가 용출
될 수 있다. 하지만 현재는 PVC 장판을 사용하는 경우가 거의 없고, 대
부분 폴리올레핀<sup>polyolefin</sup> 계열의 플라스틱을 사용해 적어도 환경호르
몬은 걱정할 필요가 없다. (폴리올레핀 플라스틱에서는 환경호르몬이
나오지 않는다)

**폴리염화비닐(Poly vinyl chloride) 화학구조**

마지막 논란은 바로 미세 플라스틱이다. 실제로 많은 사람이 바닷
속 미세 플라스틱에 대해 걱정하고 있다. 그리고 2020년에 인천시에서
조사를 시작했다. 2021년에 발표된 연구 결과에 따르면 천일염의 경우,
100 g당 70여 개의 미세 플라스틱이 검출되었다. 플라스틱 장판 위에

---

* 가소제: 재료의 유연성과 탄력성을 높여주는 물질로 분자 사슬 사이에 끼어 사슬 간의 인
  력을 약화하는 물질.
** 환경호르몬: 인체에 유입되어 호르몬처럼 작용하는 화학물질.

서 증발하는 과정을 통해 분해된 미세 플라스틱이 천일염에 유입된 것으로 보인다. 태움·용융 소금*의 경우에는 유의미한 차이가 나타나지 않았다. 오히려 이런 과정을 거치면서 크기가 작은 미세 플라스틱이 더 생기는 것이 확인되었다. 그리고 정제 소금과 같은 정제 과정을 거친 경우에는 오히려 미세 플라스틱의 수가 줄어들었다.

문제는 특정 회사에서 '미세 플라스틱 제로'라는 문구를 이용해 소비자를 혼란하게 한다는 사실이다. 소비자는 문구만 보고 미세 플라스틱이 없을 거라 여기기 쉽다. 그러나 '미세 플라스틱 無'라고 표기된 천일염을 자세히 보면 그 밑에 '기준 크기'가 있단 것을 알 수 있다. 이게 바로 미세 플라스틱을 정의하는 크기를 표기한 내용이다. 예를 들어 20 μm(마이크로미터)라고 기재돼 있다면, 20 μm 이상의 미세 플라스틱이 제거됐다는 뜻이며, 20 μm 미만은 확인하지 않았거나 확실히 제거되지 않았다는 의미다. 따라서 이는 제조사마다 다르므로, 해당 제품을 구매할 땐 꼭 해당 사이트에서 문의한 뒤, 정확한 정보를 숙지 후 구매하는 게 바람직하다.

---

* 태움·용융 소금: 원료 소금을 800 ℃ 이상의 고온에서 수차례 가열과 분쇄를 반복해 짠맛이 덜한 구운 소금.

만약 누군가 천일염이 일반 정제염보다 좋냐고 묻는다면 이렇게 답할 수 있다. "미네랄 측면에서는 유익하지만, 채식주의자라면 굳이 먹을 필요가 없다. 그러나 가공식품 섭취를 자주 한다면 천일염은 훌륭한 소금이 될 수 있다. 다만 미세 플라스틱 측면에서 확실한 단점을 갖고 있으니 구매할 때 꼭 참고해야 한다."

# 미세 플라스틱
## 과자의 위협

2023년 새우깡에 관한 충격적인 기사[6]가 올라왔다. 새우깡은 국내에서 오랜 역사를 자랑하는 국민간식으로 전국 어느 편의점을 가도 항상 매대에 진열돼 있을 정도로 인기가 높은 과자다. 이런 과자에서 미세 플라스틱이 대량 검출됐다는 소식은 모든 이들을 놀라게 하기에 충분했다.

기사의 요지는 이렇다. 최근 바닷물이 중금속이나 미세 플라스틱 등으로 오염이 점점 심해지니, 해산물을 바탕으로 만든 과자에서도 미세 플라스틱이 검출되지 않을까? 하는 가설로 실험을 의뢰했다. 대상은 새우와 꽃게를 원료로 사용한 새우깡과 꽃게랑이었다. KOLAS(국제공

인시험기관) 한국분석과학연구소에 미세 플라스틱 검사를 의뢰했고, 그 결과 새우 과자는 1 g당 13개의 미세 플라스틱이 검출됐고, 꽃게 과자는 1 g당 21개의 미세 플라스틱이 검출됐다. 새우 과자는 한 봉지당 90 g으로 1,170개의 미세 플라스틱이 들어있다는 뜻이다. 꽃게 과자는 한 봉지당 70 g으로 1,470개의 미세 플라스틱을 섭취한다는 결론에 이른다. 이 실험은 미세 플라스틱 20마이크로미터를 기준으로 조사한 결과로, 20 μm 이상만 관찰한 것이다. 만약 1 μm까지 관찰했거나 그보다 더 작은 크기까지 관찰했다면, 새우깡 한 봉지에 수만 개의 미세 플라스틱이 관찰돼도 이상할 게 없다.

미세 플라스틱은 어디서 왔을까? 여러 미세 플라스틱을 검사했음에도 불구하고, 과자에서 발견된 미세 플라스틱이 PP(폴리프로필렌)와 PE(폴리에틸렌)뿐이었다. 과연, 바다가 PP와 PE로만 오염이 됐을까? 과거 식약처 실험 결과를 참고해 보면 답이 나온다. 식약처에서 식염(천일염 제외)의 미세 플라스틱을 조사했는데, 발생한 미세 플라스틱의 비중은 PE의 경우 14%, PP가 66%, PET가 12% 차지했고, 그 외 기타가 8%를 차지했다. 결과가 말해주는 것처럼 PP와 PE를 제외한 다른 미세 플라스틱이 20%를 차지하고 있다. 그런데 새우와 꽃게에서 미세 플라스틱이 발생한 것이라면, 새우 과자와 꽃게 과자에서도 PET나 다른 미세 플라스틱이 관찰돼야만 한다. 그런데 오로지 PP와 PE만 발견됐다는 것은 다른 요인이 주요 원인이라는 의미다. 새우 과자에서 발견된 미세 플라스틱은 PE의 비중이 매우 낮고, PP가 무려 84.6%를 차지했다. 반대로 꽃게 과자에서 발견된 미세 플라스틱은 PP의 비중이 낮고, PE가 71.4%를 차지했다. 만약 새우와 꽃게에서 미세 플라스틱이 나왔다면,

PE와 PP의 비율이 이렇게나 크게 차이가 날 수 없다.

결론은 포장지다. 포장지는 여러 소재를 겹겹이 쌓아서 만든다. 한 번쯤 과자봉지 내부를 봤다면 은색인 것을 본 적이 있을 것이다. 이는 알루미늄으로 산소와 수분을 차단했다는 증거다. 그런데 음식물 자체에 직접 알루미늄이 닿으면 안 되기 때문에, PP나 PE로 코팅한다. 새우 과자의 포장지 내부 코팅 소재는 PP고, 꽃게 과자의 포장지 내부 코팅 소재는 PE다. 그래서 각 과자에 발견된 미세 플라스틱 종류의 비중 차이가 정반대로 나타난 것이다.

**그럼 도대체 내부 코팅제인 PP와 PE가 왜 미세 플라스틱 형태로 떨어져 나온 것일까?**

보통 PP와 PE를 생각하면 딱딱한 플라스틱을 떠올리기 쉽다. 일반 음식 용기나 배달 음식 용기가 일반적으로 딱딱하기 때문이다. PP나 PE는 전문적으로 고분자라고 부르는데, 분자량이나 가교* 정도에 따라서 기계적 물성**이 달라진다. 한마디로 딱딱한 PP플라스틱을 봤다면, 이는 분자량이 크거나 가교되어서 조직이 견고해지고 딱딱해진 것이다. 반대로 말하면 분자량이 매우 낮고 가교가 되어있지 않으면 내부 코팅제로 사용할 정도로 부드럽고 유연해진다. 그런데 분자량이 낮고

---

\* 가교(架橋): 고분자 화합물의 사슬 사이에 화학 결합을 만들어 구조를 단단히 연결하는 것.
\*\* 기계적 물성: 외부 힘에 대응하는 재료의 고유한 역학적 방식, 즉 물질의 성질.

가교가 되어있지 않으면 기계적 물성이 상대적으로 매우 떨어질 수 있다. 그리고 이 상태에서 마찰이 지속적으로 일어나면 미세 플라스틱 형태로 떨어진다. 즉, 과자 공장에서 만들어진 과자가 포장지에 담긴 채 운송과 배달 등을 거치며 과자와 포장지 간의 마찰만으로 미세 플라스틱이 떨어질 수 있다. 여기에 과자의 기름기까지 더해지면 포장지 내부 코팅제는 더 쉽게 벗겨지게 된다.

현재까지 PP와 PE의 미세 플라스틱의 위험성은 아직 명확히 밝혀진 바는 없다. 하지만 PS(폴리스티렌) 미세 플라스틱이 2022년에 그 위험성에 대해 밝혀진 것처럼 PE와 PP도 시간이 지나면 위험성이 밝혀질 수 있다. 미세 플라스틱이 혈액으로 넘어간다는 연구 결과도 2022년에 밝혀졌기에 주의할 필요는 있다. 아직은 미세 플라스틱에 대한 위험성과 관련된 연구는 부족하며, 현재 진행형이라는 점을 꼭 기억하길 바란다.

**올바른 생활 습관 TIP**

종이컵의 내부 코팅제로 사용되는 PE가 뜨거운 물에 노출되거나 물리적으로 긁히는 일이 발생하면 미세 플라스틱이 발생할 수 있다. 종이컵을 사용할 땐 가급적 저어 먹지 않아야 하고, 뜨거운 음료보단 차가운 음료를 따라 마시는 것이 좋다.

당신이 속은 광고 속 거짓말

# 3

# 당신의 신체 일부가 된
# 플라스틱

최근 플라스틱 오염 문제는 주로 PET, PP 등에 초점이 맞춰져 있었지만, PMMA(폴리메틸메타크릴레이트)Polymethyl methacrylate도 주목할 만하다. PMMA는 일상생활에서 널리 쓰이는 플라스틱 중 하나로 안경렌즈, 어항, 아크릴 간판, 조명 커버, 돋보기 렌즈, 차량 후미등, 치과용 틀니, 투명 의료기기 케이스 등에 사용되는 소재다.

최근 연구에 따르면 PMMA 미세/나노 플라스틱에 만성적으로 노출될 경우, 건강에 심각한 문제가 발생할 수 있음이 확인됐다. 특히 최신 연구[7]에 의하면 실험 쥐에게 100 nm 및 2 μm 크기의 PMMA 입자를 8주간 음용수를 통해 경구 투여한 결과, 해당 입자가 장과 간 조직

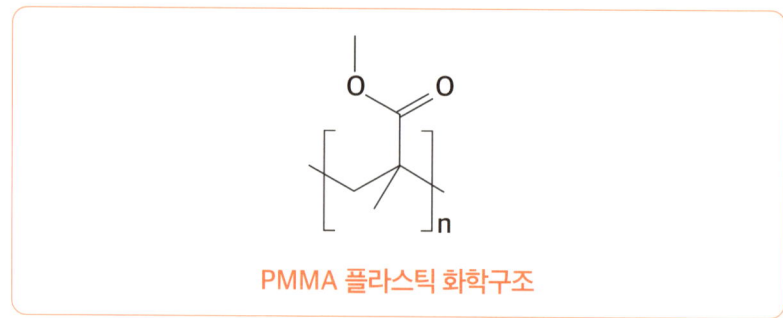

에 축적된다는 사실이 밝혀졌다. 게다가 입자의 크기가 작을수록 간의 지질 대사에 더 큰 부정적 영향을 미친다는 점도 확인되었다. 즉, 나노 입자가 체내에 흡수되어 간 기능을 방해하고, 지질 대사 이상을 초래할 가능성이 더 높다는 사실을 밝혔다. 여기에 더해 PMMA 입자는 장 내 미생물총의 구성을 방해하고 산화스트레스를 유발하여 장 건강을 손상하는 결과를 초래한다는 결과까지 밝혀졌다.

이러한 연구 결과는 우리가 간과해 온 PMMA 입자의 위험성을 재조명할 필요성을 제기한다. 다행히 일상생활 속에서는 PMMA 입자가 유입될 우려는 없다. 다만 우리가 널리 사용하는 PMMA 플라스틱이 제대로 처리되지 못하고, 환경으로 배출되었을 때는 문제가 될 수 있다. 분해된 입자가 수생 생태계로 유입되면 수산물을 통해 우리에게 돌아올 수 있어 주의가 필요하다. 그러므로 미래를 대비해 'PMMA 플라스틱 만성 노출로 인한 건강 위험'에 대한 인식을 높이고, 관련 규제 및 환경보호 대책을 적극적으로 추진할 필요가 있다.

# 혈액에 침투한
# 나노 플라스틱

페트병에 담긴 생수를 안 먹어본 사람이 있을까? 페트병은 사용하지 않은 사람을 찾기 힘들 만큼 흔한 제품이다. 그런데 이토록 자주 사용하는 만큼 페트병도 미세 플라스틱 공포 앞에서는 자유로울 수 없다.

미국 뉴욕주립대에서는 9개 국가의 11개 브랜드의 생수 259병을 조사했다. 그 결과 93%의 생수에서 미세 플라스틱이 검출됐고, 특정 브랜드의 경우 1리터당 약 1만 개의 미세 플라스틱 조각이 검출되었다. 당시 너무나 많은 이들이 놀랐고 우려하며 걱정을 표하자. 세계보건기구에서는 일반적으로 존재하는 크기(150마이크로미터 이상)는 우리 몸에서 흡수되지 않고 배출되기 때문에 걱정할 필요가 없다고 밝혔다.

그러나 단서를 하나 달았는데, 1마이크로미터 미만인 나노 플라스틱은 위해성을 알 수 없다는 것이었다. 이는 추후에 위해성이 밝혀질 수도 있으니 미리 조심할 필요가 있다는 말과 같다.

2022년에는 또 다른 충격적인 연구 결과가 발표됐다. 네덜란드 연구팀이 22명의 혈액 기증자의 혈액을 검사했더니 무려 17명에게서 미세 플라스틱이 관찰된 것이다. 크기가 작은 미세 플라스틱이 혈액으로 넘어간다는 사실을 최초로 명확히 밝힌 연구 결과였다. 발견된 미세 플라스틱으로는 폴리에틸렌, 스타이렌 계열의 플라스틱(발포 스타이렌 수지를 스티로폼이라고 한다) 등이 있어 더 충격을 주었다. 혈액으로 넘어간 미세 플라스틱이 우리 몸에 어떤 영향을 미칠지는 아직 더 연구가 진행되어야 하지만, 만약 혈관 질환을 악화하는 결과를 초래한다면 매우 끔찍한 일이 아닐 수 없다.

우리나라의 사망원인 2위는 심혈관질환, 4위가 뇌혈관 질환이다.[8] 이처럼 혈관 건강이 장수에 얼마나 중요한 지표인지 알 수 있는데, 미세 플라스틱이 혹여라도 혈관을 막히게 하는 등 악영향을 끼친다면 끔찍한 일이 아닐 수 없다. 먼 훗날에 혈관 내 미세 플라스틱의 위험성이 밝혀지지 않는다면 다행이겠지만, 만일을 위해 지금부터라도 불필요한 미세 플라스틱 섭취를 줄이는 것은 당연하다. 문제의 핵심은 우리나라에서 생산되는 페트병이다. 해외 연구에서 페트병 안에 미세 플라스틱이 검출된 사례가 있고, 국내 생산 제품은 다를 거란 보장이 없기 때문이다.

안타깝게도 국내 방송사 SBS스페셜과 SBS모닝와이드(코너: '수상한 소문') 제작진이 국내 연구진과 함께 조사한 내용에 따르면, 제조사

당신이 속은 광고 속 거짓말

마다 차이는 있었지만 국산 페트병에서도 미세 플라스틱이 검출되었다. 일부에서는 물 자체에서 걸러지지 못한 미세 플라스틱이 원인이라고 논하는 사람도 있지만, 이는 사실이 아니다. 미세 플라스틱을 걸러내는 것은 그리 어려운 기술이 아니기 때문이다. 실제 취수한 물을 필터링 과정을 거치면, 적어도 미세 플라스틱 정도는 손쉽게 거를 수 있다. 결국 원인은 다른 데 있다는 뜻이다.

PET를 원하는 모양으로 만들기 위해서는 성형 가공을 할 필요가 있다. 먼저 기본적인 형태를 만들기 위해서 고온/고압 사출성형을 한다. 그렇게 기본적인 형태를 만들고 나서 다시 특정 틀에 넣고, 고압의 기체를 불어넣는 블로우성형을 하면, 우리가 아는 페트병 모양이 나오게 된다. 미세 플라스틱은 흡습성이 높은 PET 소재가 수분이 있는 상태에서 고온/고압이 가해질 때 발생하는 가수분해 현상*으로 인해 만들어진다. 한마디로 조직이 끊긴다는 뜻이다. 가수분해가 일어난 상태에서 강한 세기로 물을 담게 되면 일부 조직들이 물로 떨어져나오게 되는데, 그게 바로 미세 플라스틱이다.

이에 대한 해결 방법으로는 두 가지를 생각해 볼 수 있다. 정부가 미세 플라스틱을 유해가능물질로 규정하고(현재는 유해 물질로 관리하고 있지 않다), 반드시 페트병을 사출성형 전에 높은 온도에서 충분히 건조해야 하는 규정을 마련하는 것이다. 그러나 아직 페트병의 미

---

* 가수분해 현상: 고분자 사슬이 화합물과 반응해 화학 결합이 끊어지고 작은 조각으로 분해되는 현상.

세 플라스틱이 가진 위해성이 명확히 드러나지 않은 상태에서 법제화하면, 페트병 제조 비용만 늘어날 수 있다. 편의점에 가면 500 ml 생수병이 500원~1,000원에 판매되고 있는데, 이 금액이 크게 늘 수도 있는 것이다. 많은 식당이나 카페 등에서 페트병 생수를 대량 구매하기도 하고, 음료 제조 업체에서도 많이 사용하기 때문에 자칫 전체 물가상승률에도 큰 영향을 줄 수 있는 문제기도 해서 신중할 필요가 있다.

다른 방법으로는 제조업체에서 엄격히 세척할 수 있는 규정을 만드는 것도 고려할 수 있다. 지금도 세척 규정이 있지만, 이는 이물질 등의 오염물 제거와 관련된 것일 뿐이다. 미세 플라스틱은 고려 대상이 아니기 때문에 새로운 세척 규정을 적용할 필요가 있다. 가능하다면 페트병 제조 후, 고압의 물을 병 안으로 발포한 뒤에 가수분해됐던 조직을 미리 떨어뜨리는 작업이 필요하다. 그렇게 세척 후 깨끗한 물을 담게 되면 미세 플라스틱의 수치를 크게 떨어뜨릴 수 있다. 단, 이런 방식은 다른 문제를 불러온다. 미세 플라스틱을 하수구로 배출하면 정수 과정을 거쳐 하천으로 배출하게 된다. 결국 미세 플라스틱이 바다로 흘러간다는 뜻이다. 바다에서 과량의 미세 플라스틱이 발견됐다는 뉴스는 한 번쯤 들어봤을 텐데, 이런 행위가 지속될수록 바다는 더 크게 오염될 수밖에 없다.

**올바른 생활 습관 TIP**

현재로선 마땅한 대책은 없는 상황이다. 다만 우리 몸을 생각한다면 가급적 페트병 사용은 자제하는 게 바람직하고, 외출 시 스테인리스 물병에 물을 충분히 담아 외출하는 습관을 들이는 것을 추천한다.

당신이 속은 광고 속 거짓말

# 티백과 함께 우러나온
# 미세 플라스틱

2019년 충격적인 논문이 캐나다 연구진으로부터 공개됐다. 세계적인 저널에서 캐나다 맥길 대학의 연구진이 우리가 흔히 사용하는 티백의 미세 플라스틱 연구 결과를 발표했다.[9] 티백 중에서도 삼각형 티백을 뜨거운 물에 노출했을 때, 티백 1개당 116억 개의 미세 플라스틱이 발생했으며, 31억 개의 나노 플라스틱이 방출된 사실을 실험으로 증명했다.

티백에서는 왜 미세 플라스틱이 발생할까? 삼각형 티백의 여과지(그물망)는 대부분 PET(폴리에틸렌테레프탈레이트) 또는 나일론polyamide(또는 폴리아미드 또는 PA라고 한다)을 주로 사용하는데, 이 물질들의 화학적 특성을 이해해야 한다. 이런 소재는 수분을 조금이라도 함유한 채 고온고압으로 성형 가공을 하면 가수분해 현상이 일어난다. 이에 따라 끊어지는 조직이 생기게 되고 여기에 뜨거운 물을 부으면 그 조직이 떨어져 미세 플라스틱이 된다.

그래서 티백 업계에서 새로 밀고 있는 소재가 바로 PLA<sup>polylactic acid</sup>다. 생분해성 고분자 또는 생분해성 플라스틱이라고 부른다. 이런 이유로 소비자는 매우 친환경적이고 건강에 문제를 일으키지 않는 소재라고 생각할 수 있다. 정말 그럴까? 옥수수나 사탕수수에서 추출한 전분을 효소나 산을 이용해 가수분해하면 포도당이 생성된다. 이 포도당을 발효해 젖산<sup>lactic acid</sup>을 만들 수 있다. 이 젖산을 원료로 만든 플라스틱이 바로 PLA다. 일정 조건에서 수개월 지나면 자연 분해되기 때문에 친환경 소재로 인증받기도 했다. 하지만 최근 환경부가 이 인증을 취소했는데, 이유는 바로 생분해 조건 때문이었다. 온도는 58 ℃ 이상, 수분은 70% 이상일 때 미생물이 있는 상태에서 6개월이 지나야 90%가 분해된다. 문제는 분리수거를 한 뒤에 매립을 통해 조건을 갖춰야 하는데, 수도권에서 별도의 땅을 마련하는 건 매우 어렵다. 매립지를 찾더라도 58 ℃ 이상의 온도를 유지하기 위해서는 별도의 열 공급이 필요하다. 하지만 그러면 에너지 비용이 발생하게 된다. 만약 전기를 사용한다면 석탄화력발전소가 그만큼 더 가동돼야 한다는 뜻이다.

그리고 PLA를 만들 때도 PET와 동일한 현상이 일어난다. 성형 가공할 때 수분을 함유하고 있다면 역시 가수분해 현상이 일어나 조직이 분해된다. 결국 PLA 티백을 써도 PLA 미세 플라스틱을 먹게 된다는 뜻이다.

당신이 속은 광고 속 거짓말

폴리 유산(polylactic acid. PLA) 화학구조

최근 2025년 ACS Nano에 게재된 논문[10]을 보면, PLA 미세 플라스틱이 남성 생식 건강에 심각한 영향을 미칠 수 있음이 밝혀졌다. 연구에 따르면, PLA 미세 플라스틱이 소화 시스템에서 분해된 후 혈액을 통해 이동하며, 결국 혈-고환 장벽BTB, Blood-Testis Barrier을 통과해 고환 내 정자 생성 환경에 축적된다고 한다. 게다가 장기적으로 노출되면 정자 농도 및 운동성 감소, 정자 기형 증가, 성호르몬 불균형 등과 같은 생식 독성이 유발될 수 있음이 밝혀졌다. 그뿐만 아니라 미토콘드리아 기능 장애를 유발하고, 과도한 활성산소 생성으로 인한 산화적 스트레스를 촉진하는 것으로도 나타났다. 결과적으로 고환 조직이 손상되고, 정자의 미토콘드리아 구조도 손상되어 기능이 저하된다는 것을 알 수 있다. 따라서 PLA가 생분해성이라는 이유만으로 안전하다고 단정할 수 없고, 미세 플라스틱으로서의 독성이 충분히 존재할 가능성이 높음을 기억해야 한다.

2022년에는 한국 식품의약품안전처에서도 미세 플라스틱의 위해성에 대해 실험 결과를 토대로 보도 자료를 배포했었다. 핵심 내용은

다음과 같다.

**〈국내 유통식품 미세 플라스틱 오염 수준 조사 결과〉**

1) 미세 플라스틱 인체 노출량은 1인당 하루 평균 16.3개로 지금까지 알려진 독성 정보와 비교하면 우려할 만한 수준이 아니다.

2) 미역과 다시마의 경우 2회 이상 세척하면 미세 플라스틱의 상당 부분을 제거할 수 있다.

3) WHO와 FAO(세계식량기구)에서도 미세 플라스틱의 유해한 영향에 대한 근거는 없다고 밝혔다.

### 미세 플라스틱 검출 수준 (2022년 식약처 발표 자료)

| 품목 | | 품목수 | 검출율 (%) | 검출 개수(개/g 또는 개/mL) 평균 ± 표준편차 |
|---|---|---|---|---|
| 음료류 | 액상차 | 2 | 33.3 | 0.0003 ± 0.0004 |
| | 탄산음료 | 2 | 100 | 0.003 ± 0.002 |
| | 과일 음료 | 2 | 100 | 0.04 ± 0.04 |
| 맥주 | | 18 | 100 | 0.01 ± 0.009 |
| 간장 | | 10 | 90.0 | 0.04 ± 0.03 |
| 벌꿀 | | 6 | 100 | 0.3 ± 0.2 |
| 식염(천일염 제외) | | 12 | 91.7 | 0.5 ± 0.8 |
| 해조류 | | 15 | 100 | 4.5 ± 3.5 |
| 티백류 | | 12 | 82.5 | 4.6 ± 4.2(개/티백) |
| 젓갈류 | 액젓 | 8 | 83.3 | 0.9 ± 1.2 |
| | 젓갈 | 15 | 100 | 6.6 ± 4.6 |

\* 각 품목당 3 반복 또는 5반복 시험을 수행하여 얻은 평균값임

실험 결과를 보면, 대다수의 품목에서 미세 플라스틱이 검출된 것을

당신이 속은 광고 속 거짓말

볼 수 있다. 품목 12개에서 검출율은 82.5%였으며, 검출 결과 티백 1개당 4.6개(±4.2개)의 미세 플라스틱이 검출되었다. 그리고 세계보건기구는 이렇게 정리하고 있다고 밝혔다.

'미세 플라스틱의 위해 가능성에 대한 신뢰성 있는 증거는 없으며, 현재 음용수 중 미세 플라스틱에 따른 인체 위해 우려는 낮은 것으로 판단된다.'

이것만 보면 수십억 개가 발생했다는 앞선 해외 연구와 상당한 차이가 있다. 왜 그럴까? 바로 연구의 기준이 된 미세 플라스틱의 크기가 다르기 때문이다. 식약처가 기준으로 삼은 크기는 20마이크로미터 이상으로 그 미만의 크기는 결과에 포함되지 않았다. 앞선 해외 연구는 20마이크로미터 미만까지 포함하고 있어 나노 플라스틱까지 범위 안에 놓고 측정했기 때문에 결과값이 더 클 수밖에 없는 것이다.

**올바른 생활 습관 TIP**

PLA 미세 플라스틱도 인체 건강에 많은 영향을 미치기 때문에 최대한 노출을 줄이는 것이 바람직하다. PLA 코팅 티백 대신 잎차를 스테인리스 거름망을 사용해서 우려내는 등 사소한 변화를 통해 노출을 효과적으로 줄일 수 있다. 무엇보다 일회용 플라스틱 사용을 최소화해야 한다.

# 6

# 당신은 지금
# 종이 포일을 먹고 있다

종이 포일은 일반 배달 음식점이나 가정에서 많이 사용되는 주방용품이다. 랩보다 안전하고 깔끔하다는 인식이 있어서 자주 사용되지만, 사용빈도가 높은 만큼 논란도 여러 가지가 있다. 그리고 이 논란에 대한 해답을 줄 기사[11]가 2023년 실렸다.

해당 기사의 근거가 되는 논문[12]은 독일 Heidelberg 대학에서 종이 포일에 코팅됐던 물질이 음식으로 넘어가는 것을 확인 및 분석한 연구 결과 내용이었다. 이 연구로 종이 포일에 코팅되어 있던 고분자 중합체가 160 ℃ 이상에서 음식으로 넘어가는 것이 확인되었다. 이 연구를 바탕으로 종이 포일에 대한 논란을 차찬히 살펴보자.

첫 번째는 형광증백제 사용 논란이다. 형광증백제는 황색을 보색해 종이나 섬유 등을 하얗게 만드는 화학물질이다. 종이 포일은 굳이 흰색을 고집할 필요가 없으므로 최근에는 형광증백제 처리를 하지 않는 업체가 많다. 그러므로 심히 우려할 필요는 없다. 그리고 종이 포일에 코팅된 소재는 폴리실록산polysiloxane인데, 흔히 실리콘이라 불리는 소재다. 이 소재 또한 산성, 알칼리성, 기름, 알코올 등에 대해서 매우 안정적이어서 감싸는 용도로만 사용했다면 걱정할 필요는 없다. 특히나 안전성을 입증받은 폴리실록산은 각종 주방용품과 성형 제품 등에 널리 사용되고 있어 믿을 수 있는 소재다.

두 번째는 종이 포일이 친환경이라는 소문이다. 퇴비화될 수 있어 땅에 그대로 묻으면 된다는 소리가 있다. 아마도 실리콘이 모래에서 나온다는 소리 때문으로 보인다. 모래에는 이산화규소가 존재하는데, 이 이산화규소 내에 실리콘이라는 원소가 있다. 그저 자연에서 나왔을 뿐이고, 자연 친화적인 것은 아니다. 종이 포일에 코팅된 것은 실리콘 원소를 포함한 폴리실록산이라는 플라스틱이라는 점을 잊어선 안 된다. 단순히 실리콘 원소가 들어 있다고 해서 폴리실록산과 모래가 같은 물질이 아니라는 뜻이다. 폴리실록산이 코딩된 종이 포일은 땅에 묻으면 단기간 내에 생분해되지 않을 뿐만 아니라, 생분해성 플라스틱으로도 분류되지 않는다. 만약 생분해가 잘 됐다면 각종 성형 보형물을 몸 안에 삽입한 사람들은 대부분 암에 걸렸을 가능성이 매우 높다. 따라서 종이 포일을 친환경이라고 포장하는 것은 단순히 마케팅에 지나지 않는다는 것을 명심해야 한다.

세 번째는 내열 온도에 대한 오해다. 제조사마다 차이가 있지만 일반적으로 종이 포일의 내열 온도는 220 ℃ 또는 240 ℃인 경우가 많다. 문제는 종종 사람들이 이 온도에 도달하기 전까지는 안전할 것이라고 착각한다는 점이다. 만약 폴리실록산이 저분자량으로 사용됐다면 강도를 높이기 위해서 경화제를 이용해 가교해서 판매하게 된다. 이때 플라스틱 내부에는 가교가 상대적으로 많이 일어난 곳이 존재하게 되고, 동시에 상대적으로 가교가 덜 일어난 곳이 생기게 된다. 가교가 덜 일어난 곳은 240 ℃가 되지 않더라도, 200 ℃ 전후만 돼도 조직이 분해돼서 빠져나올 수 있다. 이때 발생하는 게 바로 미세 플라스틱이다. 실제로 위에서 언급한 독일 논문에서도 같은 이유로 내열 온도보다 훨씬 낮은 160 ℃에서도 미세 플라스틱이 빠져나왔다고 볼 수 있다.

현재까지 폴리실록산 미세 플라스틱을 다량 섭취한 결과 인간의 몸에 어떤 위해성이 있는지는 밝혀진 바가 없다. 그러나 폴리스티렌 플라스틱처럼 널리 사용되던 것도 2022년에 들어서야 비로소 명확히 밝혀졌단 것을 생각하면 결코 위해성을 간과해서는 안 된다. 폴리실록산 미세 플라스틱도 본격적인 연구가 진행된다면 추후에 명확한 위해성이 밝혀질 수 있기 때문이다.

**올바른 생활 습관 TIP**

제조사마다 최대 설정 온도가 다르긴 하지만, 일반적으로 내열온도는 최대 200 ℃로 되어있는 경우가 많다. 앞선 연구 결과에서 160 ℃만 넘어가도 미세 플라스틱이 용출된다는 점에서 150 ℃ 이하로 설정하고 사용하는 게 바람직하다. 물론 150 ℃ 이하에서도 미세 플라스틱은 발생할 수 있다. 그러니 만약을 위해서라도 종이 포일에 닿았던 음식 부분은 떼고 먹는 것이 낫다.

당신이 속은 광고 속 거짓말

# 당신은 오늘도 도마를 먹는다

요리한다면 도마의 필요성에 대해 잘 알고 있을 것이다. 음식을 썰고 정리하고 하는 과정에서 도마는 거의 필수품에 가깝다. 음식 재료가 가장 먼저 닿는 도마의 위생은 언제나 철저히 유지해야 한다는 것을 모르는 이는 없다. 그렇다면 과연 유해 물질이 없을까?

자취생들에게 인기 많은 도마는 단연 가볍고 유연한 실리콘 도마다. 실리콘 도마는 매우 부드럽고 칼질할 때 손목에 주는 충격이 작아 많은 이들이 애용하는 도마다. 정확한 소재 명칭은 바로 폴리실록산 polysiloxane이다. 이는 성형 보형물로 사용되는 안정성이 높은 소재로 알려져 있다. 그래서 그 자체로는 환경호르몬이나 각종 발암물질이 용출되지는 않는다. 다만 잔류 세제 문제가 있다. 실리콘 도마는 화학 특성상 계면활성제 성분이 강하게 붙는 특성이 있다. 실제로 실험해 보면 충분히 헹궜다고 생각해도 여지없이 잔류 세제가 검출된다. 따라서 실리콘 도마는 세제를 적게 사용해 세척하고, 미끈거림이 남지 않게 충분히 헹궈야 한다. 만약 식기세척기를 사용한다면 별도로 헹구는 시간을 갖는 게 좋다. 그리고 칼질을 많이 한 도마를 습도가 높은 환경에 오랜 시간 두면 분해 현상이 일어날 수 있으니, 미세 플라스틱이 나오기 전에 교체를 해주는 것이 좋다.

주부들에게 가장 오랜 시간 사랑 받아온 도마는 나무 도마다. 나무 도마는 나무를 사용하기 때문에 친환경적이라는 이미지가 있다. 물론, 나무에서 미세입자가 발생해도 플라스틱보다는 안전할 거라는 생각이 드는 것도 사실이다. 하지만 꼭 그렇지는 않다. 나무 도마가 매우 매끈하고 촘촘해 보여도, 실상은 그 안에 매우 많은 기공이 존재한다. 이 기공 안으로 세제가 들어가면 쉽게 빠져나오지 않아 잔류 세제를 먹을 확률이 높다. 실제로 나무 도마에 비하면 실리콘 도마의 잔류 세제는 매우 적은 양이라고 할 수 있다. 그러므로 이왕이면 베이킹 소다 같은 먹을 수 있는 세제를 이용해 세척하고 충분히 헹군 뒤 말려서 사용해야 한다.

최근에 관심받고 있는 도마는 TPU 도마다. TPU라는 소재의 원래 이름은 Thermoplastic polyurethane이며, 다이올diol과 다이아이소시아네이트diisocyanate라는 화학물질을 반응시켜서 만드는 플라스틱 소재다. 다이올과 다이아이소시아네이트 모두 단일 물질을 지칭하는 게 아니며, 전체를 통칭하는 용어다. 어떤 다이올과 어떤 다이아이소시아네이트를 선택했느냐에 따라서 TPU의 종류와 성질이 결정되며, 화학 반응을 조절해 TPU의 성질을 결정할 수 있다. 연질부를 늘리면 전체적으로 부드러운 성질을 갖게 되고, 반대로 경질부를 늘리면 전체적으로 딱딱한 성질을 부여할 수 있다. TPU 소재는 다른 일반 플라스틱에 비해 내마모성과 내유성(기름의 작용을 잘 견뎌 내는 성질)이 뛰어나고, 가수분해와 기계적 물성도 우수해서 자동차 부품과 전자제품의 부품으로 사용된다. 그리고 필름과 호스 등으로도 널리 활용되고 있다. 이렇게 물성이 좋고 활용 범위가 넓다 보니 세계적으로 연간 약 1,000만 톤이나 생산되는 범용 플라스틱으로 자리 잡았다.

그렇다면 이 TPU 소재가 주방 도마로 활용될 때 어떤 우려가 있을까? 첫 번째로 TPU 도마가 연소하면 유독한 HCN(시안화수소)이 나온다. 시안화수소는 공기 중 100 ppm 이상으로 존재하면 30분~1시간 이내에 사망에 이를 정도로 독성이 강하다. 그러나 도마에 화재가 발생하거나 도마를 태울 일이 거의 없어 걱정할 필요는 없다. 두 번째는 잔류 세제다. PP(폴리프로필렌) 도마에 비해 TPU 도마는 세제 내 계면활성제와의 결합력이 더 강하다. 따라서 제대로 헹구지 않으면 세제가 TPU 도마 표면에 잔류해 섭취하게 될 가능성이 높다. 세척할 때는 꼼꼼히 신경 써서 베이킹 소다와 같은 먹을 수 있는 세제를 사용하는 게 좋다. 세 번째는 미세 플라스틱이다. 오랜 기간 사용하다 보면 고분자 조직의 분해를 피할 수 없다. 특히나 주방은 상대적으로 습하기 때문에 분해 현상에 더 취약하다. 미세 플라스틱 섭취를 방지하기 위해서는 일정 주기로 교체해 주는 것이 중요하다.

당신이 속은 광고 속 거짓말

# 유리병 음료에 들어간
# 세척 솔

2025년 8월 프랑스 식품안전청과 프랑스 대학 연구팀이 발표한 최근 연구 결과를 본 이들은 충격에 빠졌다.[13] 유리병에 담긴 맥주, 탄산음료, 레모네이드 등에서 오히려 플라스틱병보다 더 많은 미세 플라스틱이 검출되었기 때문이다. 연구팀은 프랑스에서 판매 중인 음료 59개를 분석했는데, 놀랍게도 가장 높은 미세 플라스틱 검출량은 유리병에서 나왔다. 연구진은 유리병을 재활용하는 공정 자체에 주목했다. 유리병은 평균 10~30회 이상 재사용 된다. 이때 고압 브러시 세척, 고무 패킹 등에서 마찰로 인한 마모가 발생할 수 있다. 특히 브러시의 플라스틱 섬유, 고무 패킹의 조각에서 떨어진 미세입자가 주요 오염원으로 지목됐다. 그리고 병 개봉 시 뚜껑에서의 마찰로도 미세 플라스틱이 발생될 수 있다고 지적했다.

다만, 해당 연구는 25 μm을 기준으로 했으며, 이 크기 이상만 관찰해서 비교한 것이기 때문에 정확한 비교라고는 볼 수 없다. 이미 다른 많은 연구에서 플라스틱 용기에서 많은 미세 플라스틱이 관찰됐었는데, 어떤 연구에서는 1 L에 24만 개의 미세 플라스틱이 관찰되기도 했었다. 그런데 이번 프랑스 연구는 플라스틱 생수에서 리터당 1.6개의 미세 플라스틱만 관찰됐다고 보고됐다. 이렇게 차이가 나는 이유는 25 μm보다 큰 크기만 관찰했기 때문으로 보인다. 25 μm 미만의 크기까지 관찰했거나, 특히 나노 플라스틱이라고 불리는 1 μm 이하를 관찰했다면 결과는 달랐을 것이다.

따라서 이 연구 결과만 가지고서 유리병에서 더 많이 미세 플라스틱이 관찰됐다고 생각할 필요는 없다. 하지만 그렇다고 해당 연구가 시사하는 바를 무시하면 안 된다. 유리병에서도 미세 플라스틱이 관찰되는 것이 확인되었다는 사실을 기억해야 한다. 그리고 이런 문제를 해결하기 위해서는 제조업체에서 유리병 세척에 사용하는 브러시용 플라스틱이나 고무 패킹 등의 교체 시기를 더 신경 써 관리해야 한다는 사실도 잊지 말아야 한다. 물론 이에 대한 정부의 공식 지침이 선행될 필요가 있다.

# 당신이
# 잘못 알고 있던
# 파묻힌
# 진실들

1장

# 안전하다는
# 착각

# 나무는 깨끗하지만,
# 나무 제품은 더럽다

화학적 가공은 최소화하고 자연 그대로 사용할 수 있는 주방 소재는 무엇일까? 아마 모두 입을 모아 나무라고 할 것이다. 나무는 대표적인 친환경 소재로 도마, 나무젓가락, 나무 주걱 등 다양한 주방용품의 소재로 사용되며 선호하는 이들이 많다.

나무는 100% 안심해도 되는 소재가 맞을까?

답은 아니다. 안타깝게도 나무 소재의 주방용품도 유해 물질이 발생할 수 있다. 다음과 같이 세 가지 위험성이 존재한다.

**첫째, 잔류 세제 가능성**

**둘째, 세균 오염 가능성**

**셋째, 집성목 도마의 위험성**

순서대로 살펴보자. 첫 번째, 나무는 그 특성상 세제를 잘 머금는다. 나무에는 미세한 기공(구멍)이 많고 표면적이 넓다. 그래서 세척할 때 기공 사이로 세제가 들어가기 쉽고 잔류 세제가 남기 쉽다. 결국, 잔류 세제가 음식과 함께 버무려질 확률이 높다. 그러므로 나무 소재의 주방 용품을 세척할 때는 일반 세제 대신에 베이킹 소다와 같은 먹을 수 있는 세제로 세척하는 것이 좋다. 또한 세척 후에는 반드시 충분히 헹궈서 세제가 남지 않게 한 뒤 말려야 한다.

두 번째, 나무는 그 특성상 습기에 취약해 세균 오염 가능성이 높다. 물에 닿으면 잘 마르지 않고 물을 머금어서 내부에 습기가 남는다. 세균과 곰팡이가 쉽게 번식할 수 있는 환경이 만들어지기 쉽다는 뜻이다. 그러므로 나무젓가락이나 나무 주걱같이 전자레인지에 들어갈 정도의 크기라면 30초에서 1분 정도 돌려서 남은 수분을 날린 후 보관해야 한다. 나무 도마와 같은 큰 주방용품은 물기를 제거한 후에 베란다 같은 햇볕에 잘 드는 곳에 완벽히 건조해야 세균 번식을 막을 수 있다.

세 번째, 집성목 도마보다 통원목 도마를 사용해야 한다. 집성목 도마는 나무 조각 여러 개를 접착해 만든 도마이고, 통원목 도마는 나무 한 조각만 사용한 도마다. 그래서 통원목은 시간이 지나도 비교적 단단하게 유지되지만, 집성목은 시간이 갈수록 조직이 약해지는 특징이 있다. 문제는 칼질할 때마다 집성목 도마의 파편이 떨어져 나올 수 있다는 사실이다. 이 파편이 음식에 섞이면 접착제와 함께 음식을 섭취하는 꼴이 된다. 만약 집성목 도마를 사용해야 한다면 교체 주기를 짧게 잡고 사용하는 것이 좋다.

이렇듯 나무 제품은 올바르게 사용하면 안전하지만, 잘못 사용하면 유해 물질이 나올 수 있다. 친환경 제품이라고 무조건 안전하다는 생각을 버리고, 조금 더 신경 써서 사용하는 것이 바람직하다.

# 사과보다 사과주스가
# 위험한 이유

2023년 11월 식약처에서 예산농산물가공협동조합이 제조 및 판매한 특정 사과주스 브랜드에 회수 명령을 내렸다는 기사[14] 가 실렸다. 검사 기관에 따르면, 납 기준치 0.05 mg/kg를 넘는 0.07 mg/kg이 해당 제품에서 검출됐다. 납 성분은 만성 신경독성, 지능 발달 지연 등에 영향을 미치는 독성이 강한 성분으로 전 세계적으로 관리하는 중금속 성분이다. 당연히 해당 제품에 대해서는 회수 조처가 내려졌다. 그러나 110 ml 제품 기준 1,300여 개나 생산되었다는 사실에 소비자들이 크게 분노했다. 다른 제품도 언제든지 이런 일이 발생하지 않을까? 하는 불안감도 퍼졌다.

그러나 이 사건엔 한 가지 불편한 진실이 있다. 먼저 식약처가 정하고 있는 납 기준치는 사과의 경우, 0.1 mg/kg이다. 납 농도가 0.07 mg/kg인 사과를 판매하면 아무 문제가 되지 않는다. 그런데, 이 사과로 사과주스를 만들면 어떻게 될까? 사과 자체를 갈아 100% 과즙 주스를 만든다면 여전히 납 농도는 0.07 mg/kg이다. 그럼, 과일음료 기준치인 납 농도 0.05 mg/kg을 넘게 된다. 납 농도 기준을 만족하는 사과로 주스를 만들면 제재를 받는 아이러니한 상황인 것이다. 실제로 문제가 된 사과주스의 원료 및 함량을 보면 '사과 100%'라고 기재돼 있다.

100% 과즙이 아닌 주스는 어떨까? 사과과즙농축액 외에 정제수, 설탕, 펙틴, 구연산, 구연산나트륨, 천연향료, 비타민C 등 다른 첨가물이 많이 들어간다. 만약 이런 제품의 사과 납 농도가 0.07 mg/kg이라면 첨가물을 넣었기 때문에 납 농도가 낮아지게 된다. 같은 사과로 주스를 만들어도 순수 사과만 넣으면 몸에 해로운 제품이 되고, 첨가물을 넣으면 건강한 제품이 된다. 결국 이런 정책은 첨가물이 들어간 주스나 음료를 권장하는 것밖에 되지 않는다. 2023년 11월에 기사에 나온 사과주스를 집에서 물과 함께 섞어 마신다면 소비자는 기준치 이하의 사과주스를 마신 게 된다. 즉, 물이나 첨가제만 섞었다면 회수 조처가 없었을 거란 얘기다.

> **올바른 생활 습관 TIP**
>
> 소비자라면 한 가지만 기억하면 된다. 기준치보다 높은 식품을 먹더라도 양이 적다면, 실제 우리 몸에 들어오는 중금속의 양도 적다. 기준치보다 낮은 식품을 먹더라도 먹는 양이 많다면, 실제 우리 몸에 들어오는 중금속의 양은 많아지게 된다. 이 사실을 명심해야 한다.

# 빈대 잡으려다
# 당신이 잡힌다

1980년대 살충제가 대량으로 보급되면서 우리나라에 있던 빈대는 대부분 자취를 감췄다. 그런데 2023년이 되자 프랑스, 유럽 등지에만 남아 문제를 일으키던 빈대가 다시 한국에 나타났다는 기사가 올라오기 시작했다. 대학 기숙사, 찜질방, 모텔 고시원뿐만 아니라 일반 가정 집에서도 빈대가 관찰되어 정부도 매우 난색을 보였다. 빈대는 단순히 불쾌감을 주는 것 외에도 물렸을 때 피부 발진을 일으키기 때문에 우려의 목소리가 커졌다. 빈대 출몰 원인으로는 살충제 내성이 생긴 빈대의 출현, 기후 변화, 외국 관광을 예로 들었지만, 아직 명확히 밝혀진 바는 없다. 이런 상황 속에서 언제 빈대를 마주칠지 모른다는 불안감만 SNS

를 타고 퍼지면서 대처법도 빠르게 공유되었다.

가장 대표적인 빈대 퇴치법으로 대두된 게 바로 규조토를 활용한 방법이다. 규조토는 단세포 생물인 규조가 죽은 뒤 그 유해가 쌓여서 생긴 퇴적물 또는 암석을 지칭한다. 일반적으로 실리카$^{SiO_2}$(흔히 이산화규소라고 한다)가 약 80~90%를 차지하고 있다. 규조토의 활용 역사는 매우 오래됐다. 지금도 다방면에서 활용되는 소재로 높은 공극률과 투수율을 활용해 여과제로 활용되고 있다. 그리고 각종 냄새 제거 등을 위한 흡수제로도 사용되며, 낮은 열전도율을 활용해 단열재로도 활용되는 다용도 물질이다. 게다가 규조토는 가격도 저렴하다. 저렴한 가격으로 빈대를 제거할 수 있다니, 이보다 매력적인 방법은 없을 것이다.

그런데 규조토가 빈대를 어떻게 퇴치하는 걸까? 세간에 알려진 원리로는 빈대 껍질에 규조토가 닿으면서 지질 성분을 흡수해 버린다고 한다. 그래서 수분 증발을 막고 있던 지질 성분이 손상되어 탈수 현상을 겪다가 빈대가 결국 죽는다고 한다. 이 얘기만 들으면 집안 곳곳 구석구석 규조토 파우더를 뿌리면 빈대 출몰을 원천 봉쇄할 수 있을 것만 같다. 하지만 문제가 있다. 빈대를 퇴치하려면 최대한 많은 규조토를 묻혀야 하는데, 그 정도 효과를 보기 위해서는 집안을 꽤 많은 양의 규조토 가루로 덮어야 한다. 밑간하듯 후추랑 소금처럼 뿌려서는 소용이 없다는 소리다. 그럼, 과량의 규조토를 바닥에 뿌려 놓으면 어떨까? 먼지와 함께 가루가 날려 호흡기에 들어오게 될 것이다. 아무리 조심조심 생활해도 먼지는 떠오르게 돼 있고 결국 빈대 대신 잡히는 건 인간이 될 확률이 높다.

　　　　　　　　　　당신이 잘못 알고 있던 파묻힌 진실들

그런데 이것을 두고 SNS에서 공업용은 마시면 안 되지만, 식용은 상관없다는 식으로 말하는 이들이 있다. 일명 공업용으로 불리는 것은 결정질 규조토이고, 식용으로 불리는 것은 비결정질 규조토다. 식용인 비결정질 규조토를 보면 제품 설명서에 결정질 규조토 함량이 없거나 거의 없음을 강조하며 안전하다고 홍보하는 걸 알 수 있다. 결정질 규조토는 흡입하게 되면 규폐증*을 유발할 정도로 독성이 매우 강하다. 그리고 비결정질 규조토는 동물 보조사료로 사용된다. 그렇다면 식용인 비결정질 규조토는 마음껏 뿌리고 마음껏 흡입해도 될까?

여기에 대해서는 한 가지 예시를 드는 게 이해가 빠를 것으로 보인다. 우리는 과거 가습기 살균제 사건을 기억한다. 살균제 성분도 섭취 독성은 낮은 것들이었다. 당시만 해도 섭취 독성이 낮다는 이유만으로 제대로 된 흡입 독성 실험을 진행하지 않았었다. 그래서 모두가 안심하고 가습기 살균제를 사용했었다. 그러나 모두가 안전할 거라 믿었던 살균제 성분이 흡입할 때 독성을 발휘했고, 그 결과 가습기 살균제로 인한 피해자는 속수무책으로 늘어났다. 식용인 비결정질 규조토도 이와 비슷한 경우라고 생각하면 된다. 동물실험 결과, 규조토를 과량 흡입하면 음식 섭취가 감소하고, 폐포염이 관찰되는 등의 문제가 발생한 것으로 확인됐다. 마냥 안심하고 흡입할 수 있는 화학물질이라고 할 순 없는 것이다. 특히 어린이와 노약자는 더더욱 흡입해서는 안 된다.

---

\* 규폐증: 규산이 많이 들어있는 먼지를 오랫동안 들이마셔서 생기는 병으로 주로 도자기 공이나 석공이 많이 걸린다.

이런 위험성을 인지하고 올바르게 사용한다면 적어도 이전의 가습기 살균제 사건과 같은 일은 반복되지 않을 것이다.

# 냉동실 속
# 지퍼백이 부른 참사

음식을 매번 반찬 용기에 담아 보관하다 보면, 소량만 남아 곤란하거나 반찬통이 없어 곤란한 일이 한 번쯤 생긴다. 그래서 대체안으로 많이 사용되는 게 지퍼백이다. 간단한 음식이나 스낵을 보관하기에도 좋고, 마른 음식을 보관하거나 소분하기에도 좋다. 부피도 반찬 용기에 비해 덜 차지해서 음식을 하는 집이라면 애용하곤 한다. 문제는 이 지퍼백도 플라스틱 소재라는 점이다. 혹시나 음식에 환경호르몬 같은 유해화학물질이 나오는 건 아닌지 우려할 수밖에 없다.

지퍼백 제품 겉면에 보면 재질이 기재돼 있다. 보통 LDPE 또는 저밀도 폴리에틸렌이라고 표기되어 있다. 폴리에틸렌 중에서도 밀도가 낮아 유연성이 뛰어난 플라스틱을 저밀도 폴리에틸렌이라고 한다. 이 소재는 따뜻하고 기름기가 많은 음식이나 산도나 염도가 높은 음식이 닿아도 환경호르몬이 용출되지 않는 특징을 가지고 있다. 그래서 일반적인 사용 환경에서는 지퍼백을 사용해도 안전하다고 볼 수 있다.

그러나 미세 플라스틱을 생각한다면 문제가 될 수 있다. 단순히 음식을 담는 것만으로는 미세 플라스틱이 발생하지 않지만, 마찰이 생긴다면 이야기는 달라진다. 다행스럽게도 미세 플라스틱이 발생해도 150마이크로미터 이상의 크기라면 체내 배출이 되므로 염려하지 않아도 된다. 문제가 되는 건 전자레인지와 냉동실에 넣은 지퍼백이다. 일반 지퍼백 사용 지침에는 전자레인지에 사용해도 괜찮다고 언급하고 있지만, 이는 환경호르몬과 같은 유해화학물질 기준이다. 미세 플라스틱 측면에서는 그렇지 않다. 지퍼백에 담는 음식마다 수분함량이 달라 전자레인지 작동 중에 발생하는 열과 꺼낼 때의 마찰로 인해 미세 플라스틱이 다량 발생할 수 있다. 그러므로 지퍼백에 음식을 담은 채로 전자레인지를 돌리는 것은 지양해야 한다. 그리고 냉동실에 보관했던 지퍼백을 열 때도 주의해야 한다. 음식물이 담긴 지퍼백을 바로 열었다가는 다량의 미세 플라스틱이 발생할 수 있기 때문이다. 반드시 음식물이 담긴 지퍼백을 찬물에 담가서 충분히 해동한 뒤에 열어야 한다.

정리하자면 지퍼백의 환경호르몬은 걱정할 필요가 없지만, 미세 플라스틱 발생은 걱정해야 한다. 그리고 환경보호 측면에서 지퍼백 사용을 널리 권장할 수는 없지만, 그래도 사용해야 한다면 주의 사항을 지켜 사용하는 것이 좋다.

당신이 잘못 알고 있던 파묻힌 진실들

## 올바른 생활 습관 TIP

지퍼백에 담긴 음식이나 랩으로 감싼 음식 등을 그대로 전자레인지에 돌리면 미세 플라스틱이 발생할 수 있으므로 반드시 벗긴 후 전자레인지를 사용해야 한다. 또한 냉동실에서 꺼낸 지퍼백 안의 음식물은 반드시 해동 후 지퍼백에서 꺼내는 습관을 갖는 게 좋다.

# 음식에 녹아내린
# 라텍스 장갑

　과거 의사의 전유물로 여겨졌던 라텍스 장갑이 이제는 여기저기서 널리 사용된다. 식당은 물론이고 일반 가정집에서도 쉽게 찾을 수 있게 되었다. 일반 비닐장갑은 폴리에틸렌 소재인 경우가 많아 김치를 만지면 손에 쉽게 냄새가 뱄었다. 냄새를 빼기 위해 몇 번이고 비누로 손을 씻어도 냄새는 쉽사리 사라지지 않아 김장철이면 곤란한 사람이 참 많았다. 하지만 이젠 라텍스 장갑이 널리 보급돼 음식 냄새가 손에 배일 걱정은 하지 않아도 된다. 다만, 라텍스 장갑도 특유의 향이 있는 합성 소재라서 안전하지 않다는 소문이 있다. 과연, 라텍스 장갑에 대한 소문은 어디까지가 진실일까?

라텍스는 미세 고분자의 액체 분산체를 의미하며, 크게 천연 라텍스와 합성 라텍스로 구분된다. 천연 라텍스는 문제가 없을 것 같지만 녹말과 당류 등의 다른 성분도 존재해 알레르기 반응이 나타날 수 있다. 라텍스 알레르기 검사 없이 무턱대고 라텍스 장갑을 꼈다가는 피부 발진이 일어나거나 붉어지며 두드러기 등의 증상이 나타날 수 있다. 심한 경우, 콧물과 눈물이 나기도 한다. 사실 이런 경우는 꼭 사용할 필요가 없다면 문제가 되지 않는다. 만약 불가피하게 사용해야 하는 의료진이라면 일반 비닐장갑을 착용한 뒤 라텍스 장갑을 착용하면 된다. 다만 천연 라텍스 장갑을 끼고 튀김 요리를 한다면 장갑에 아크릴아마이드acrylamide가 형성될 수 있어 주의해야 한다. 아크릴아마이드는 인간에게 발암 가능성이 있는 것으로 알려져 있다.

합성 라텍스는 어떨까? 합성라텍스는 아크릴로나이트릴acrylonitrile과 1,3-부타디엔1,3-butadiene을 특정 비율로 섞어 제조한다. 그래서 합성 라텍스 장갑을 끼고 뜨겁고 기름진 음식을 만질 경우, 미량 잔류하고 있던 화학성분이 용출되며 음식으로 넘어올 수 있다. 아크릴로나이트릴은 IRAC(국제암연구소) 기준 2B군*이고, 1,3-부타디엔은 1군**으로 분류되는 매우 유해한 화학물질이다. 물론 고온에 잠깐 노출되는 정도라면 용출량은 극미량일 수 있다. 하지만 1군 발암물질까지 용출될 가능성을 생각하면, 안심할 수만은 없다. 혹시나 라텍스 장갑이 찢어져서

---

* 2B군: 인간에게 발암 가능성이 있는 물질.
** 1군: 인간에게 발암성이 명확히 밝혀진 등급.

음식에 들어가면 더 큰 문제를 일으킬 수 있지만, (실제 식품에서 찢어진 라텍스 장갑 일부가 발견된 사례가 있었다) 라텍스 장갑의 기계적 물성을 고려하면 이는 기우에 불과하다.

아크릴로나이트릴(acrylonitrile) 화학구조

1,3-부타디엔(1,3-butadiene) 화학구조

그럼, 이쯤에서 전형적인 플라스틱인 합성 라텍스 장갑에서는 그 외 가소제나 각종 유해화학물질이 나오지 않는지 걱정될 수 있다. 결론적으로 가소제나 그 외의 유해화학물질은 용출되지 않으니 염려하지 않아도 된다. 하지만 앞서 언급한 대로 뜨거운 열기를 가진 음식을 직접 라텍스 장갑으로 오랫동안 쥐면 아크릴로나이트릴이나 1,3-부타디엔과 같은 유해 화학성분이 노출될 수 있으니 주의해야 한다. 어떤 것도 절대 안전하고, 절대 위험한 것은 이 세상에 없다. 위험한 사용법만이 있을 뿐이란 것을 기억하길 바란다.

## 올바른 생활 습관 TIP

뜨거운 기름을 사용해 조리할 때는 라텍스 장갑 사용을 피해야 한다. 또한, 조리가 아니더라도 식판에 음식을 나눠주는 봉사자나 급식을 배분하는 사람들 또한, 라텍스 장갑을 낀 채로 뜨거운 음식을 잡거나 하는 것은 바람직하지 않다.

# 빨리 먹는 인스턴트
# 빨리 죽는 지름길

인스턴트커피를 스틱 형태로 만들어 판 것이 한국이 최초라는 것을 아는 사람은 많을 것이다. 그러나 이 인스턴트커피 속에 아크릴아마이드Acrylamide가 있다는 사실은 아마 아는 사람이 많지 않을 것이다. 이 물질은 국제암연구소에서 그룹2A, 즉, 인간에게 발암 가능성이 있는 물질로 분류된 성분이다. 가공식품에서 주로 생성되는 이 화합물은 단순한 커피의 부산물이 아니다. 감자튀김처럼 전분이 많은 식품에서, 혹은 커피 원두를 고온에서 볶을 때처럼 아스파라긴(아미노산)과 당류(포도당, 과당)가 섭씨 120 ℃를 넘는 고온에 노출됐을 때 형성된다.

이와 관련해 영국의 UK Biobank와 핀란드의 Finn gen R11이

2025년 6월에 공동으로 수행한 대규모 유전역학 연구는 매우 흥미로운 결과를 내놓았다.[15] 연구에 따르면, 인스턴트커피 섭취량이 많을수록 '건성 연령 관련 황반변성'의 발병 위험이 크게 높아지는 것으로 나타났다. 특히 놀라운 점은 섭취량이 단지 1 표준편차 증가했을 뿐인데도 질환 위험이 무려 6.92배나 높아졌다는 사실이다. 더 흥미로운 것은 원두커피나 디카페인 커피에서는 이런 상관관계가 전혀 나타나지 않았다는 점이다.

왜 이런 결과가 나왔을까? 그 원인 중 하나로 지목되는 것이 바로 아크릴아마이드와 최종당화산물이다. 2013년 발표된 연구에 따르면, 인스턴트커피의 아크릴아마이드 평균 함량은 358 $\mu$g/kg, 로스팅 원두는 179 $\mu$g/kg에 불과했다. 2배 이상 높은 수치다. 이 결과만 놓고 보면, 편하게 즐기던 인스턴트커피는 다 버리고, 일반 로스팅 추출 커피만 마셔야 할 것 같다.

아니다. 인스턴트커피를 끊으면 모든 게 해결된다고 단정 지을 수는 없다. 인스턴트커피보다 로스팅 원두커피에 원두가 더 많이 들어간다. 아크릴아마이드의 평균 농도는 인스턴트커피가 더 높을지라도 원두 함량에 따르면 아크릴아마이드가 로스팅 원두커피에 더 많다는 걸 알 수 있다. 따라서 무조건 인스턴트커피가 더 위험하다고 볼 수 없다.

인스턴트커피를 피한다고 해도 감자칩, 감자튀김, 구운 고구마, 볶은 아몬드 등 각종 음식을 통해 훨씬 더 많은 양의 아크릴아마이드를 먹을 수 있다. 그뿐만 아니라 최종당화산물의 섭취량도 늘어나기 때문에 단순히 인스턴트커피만 끊는다고 문제가 해결되진 않는다. 아크릴아마이드는 우리가 즐겨 먹는 음식 전반에 널리 퍼져 있기 때문에 경각심을 갖는 것이 중요하다. 따라서 샐러드처럼 생으로 먹을 수 있는 건 생으로 먹고, 조리가 필요하면 데치거나 찌거나 삶아 먹는 게 좋다. 한마디로 튀기고, 볶고, 구워 먹는 식습관은 줄이는 것이 가장 바람직하다.

**올바른 생활 습관 TIP**

인스턴트커피를 즐기는 사람일수록 평소 인스턴트 가공식품 섭취량이 더 많을 수 있다. 만약 그렇다면 일반적으로 인스턴트 가공식품이 고온에서 조리하고 아크릴아마이드 함량이 상대적으로 더 높으므로, 인스턴트커피 탓이라기보다는 이를 즐기는 사람의 식습관이 문제일 가능성이 높다.

당신이 잘못 알고 있던 파묻힌 진실들

# 참기름에 들어간
# 제초제 참깨

제초제가 식물만 죽인다는 생각은 위험한 편견이다. 전 세계에서 가장 많이 사용되고 있는 비선택성 제초제 글리포세이트glyphosate는 이미 우리의 밥상과 몸을 침범한 지 오래다. 그동안 글리포세이트는 식물의 생장에 필수적인 시키메이트shikimate 경로를 차단하는 것뿐이라서 사람에게는 무해하다는 논리가 통용되고 있었다. 그러나 안타깝게도 최근 연구[16] 결과를 보면 안전하지 않다는 걸 알 수 있다.

해당 연구는 인간과 유전적으로 70% 가까이 유사한 제브라피시 zebrafish를 대상으로 진행되었다. 문제는 EFSA(유럽식품안전청)에서 정한 글리포세이트 일일섭취허용량(ADI, 0.5 mg/kg b.w./day)조차 수컷 생식 기능에 영향을 줄 수 있다는 동물실험 결과가 나왔다는 사실이다. 안전 기준치 농도에서 정자 생성에 이상이 생기고, H4K12ac 증가 등 후성유전학적 변형이 발생했다. 글리포세이트는 호르몬 교란 물질로 작용할 수 있으며, 유전독성, 생식독성, 후성유전변형 등을 일으킬 수 있는 환경성 독성물질로 밝혀졌다. 또한, 저용량에서조차 독성이 나타나는 것으로 확인됐다. 이 결과로 적은 양은 괜찮다는 생각이 얼마나 안일했는지 증명됐다.

그럼, 우리나라는 어떨까? 우리나라의 기준은 유럽보다 관대하다. 한국의 ADI 기준은 EFSA보다 높은 0.8 mg/kg b.w./day다. 문제는 엄격한 유럽 기준으로 실험한 결과가 앞서 말한 내용이란 것이다. 그러므로 이제는 우리나라도 글리포세이트의 기준치를 점검하고 새로운 기준치를 설정할 때가 되었다. 안타까운 점은 글리포세이트가 가격이 저렴하고 성능이 우수한 제초제이다 보니, 우리나라만 조심한다고 해서 안전할 수는 없다. 수입한 작물은 우리나라 기준치에 맞춰 제초제를 사용하지 않기 때문이다. 게다가 글리포세이트는 흔히 단일 성분으로 평가되는 경우가 많지만, 실제로는 제초제에 다양한 보조 성분이 포함되어 독성이 더 강할 우려가 있다. 따라서 복합 독성도 고려해야만 한다.

참깨를 예로 들어보자. 식약처에서 수입 농산물에 대해 무작위 표본 검사를 진행하는 대상은 514종이며, 그중에서 정밀검사를 진행하는 항목은 128종밖에 안 된다. 문제는 이 검사에 글리포세이트는 검사는 빠져 있다는 사실이다. 2025년 7월, 결국 문제가 터졌다. 국내로 수입된 미국산 참깨 일부에서 글리포세이트가 0.934 mg/kg 수준인 것이 확인된 것이다. 이는 식품의약품안전처가 고시한 최대잔류허용기준(MRL:

0.05 mg/kg)를 19배나 초과한 수치였다. 이런 수치가 나온 것은 미국의 참깨는 글리포세이트 허용 기준이 40 mg/kg으로 우리나라 기준의 800배에 달하기 때문이다. 문제는 미국에서 수출 업체 농민에게 글리포세이트 살포를 권장하는 재배 가이드를 배포하고 있다는 사실이다. 더 큰 문제는 이 글리포세이트가 안전하다는 기준도 연구 결과 재검토가 필요하다는 결론이 나왔다는 사실이다. 유럽식품안전청이 정한 안전기준(ADI: 0.8 mg/kg 체중/일) 수준의 글리포세이트에 노출 실험 결과, 독성과 분자 수준의 변형 등이 확인되었단 걸 꼭 기억해야 한다.

그렇다면 과연 미국산 참깨만 문제가 될까? 유감스럽게도 그렇지 않다. 참기름의 성분표를 보면 원산지가 미국 외에 미얀마, 파라과이, 베트남, 인도, 파키스탄, 중국 등 다양한 국가로 기재된 것을 확인할 수 있다. 이번에는 미국의 기준치가 문제 되었지만, 그다음에는 어느 나라가 문제 될지 알 수 없다. 미래를 생각해서라도 앞으로는 수입산 참깨에 대한 잔류농약 검사를 더 엄격히 진행해야만 한다. 그리고 안전기준의 실효성, 검사 항목의 적절성, 수입 농산물 관리 체계 전반에 대해 재검토가 필요하다.

# 당신이 잃어버린
## 골든타임 10분

2022년 10월 10일 전북 무주의 한 주택에서는 일가족 5명이 사망하는 사건이 발생했다. 84세 할머니와 40대 딸 부부와 30대 손녀 등 5명이 숨진 채 발견되었다. 이들의 목숨을 앗아간 것은 바로 CO(일산화탄소)로 밝혀졌다. 미국 CDC(질병통제예방센터) 보고에 따르면, 미국에서는 매년 수천 명이 일산화탄소 중독이 되고 있으며, 그중 500명 이상은 사망에 이른다고 한다.

일산화탄소에 노출되면 두통, 어지러움, 두근거림, 메스꺼움 등을 겪다가 심해지면 머리가 안 움직이고 손발의 근육이 무뎌지며 경련이 일어난다. 그리고 호흡곤란 및 의식 상실까지 이어져 사망에 이를 수 있다. 공기 중의 0.5%가 일산화탄소가 되면, 5~10분 안에 사망할 수도 있어 매우 위험하다.

그렇다면 우리가 이렇게 위험한 일산화탄소 중독으로부터 안전을 지키기는 방법은 무엇일까?

첫 번째, 가스보일러 내부의 산소부족 현상을 방지해야 한다. 집마다 구조가 조금씩 다르긴 하지만, 대부분 연통이 연결되어 있다. 아래 사진 1의 연통을 보면 연통에 실링 소재를 이용해 유독가스가 새어 나오지 못하게 막은 것을 알 수 있다. 다만, 실링 소재는 영구적이지 않기 때문에 시간이 지남에 따라 조금씩 유연해져 내부 일산화탄소가 빠져나올

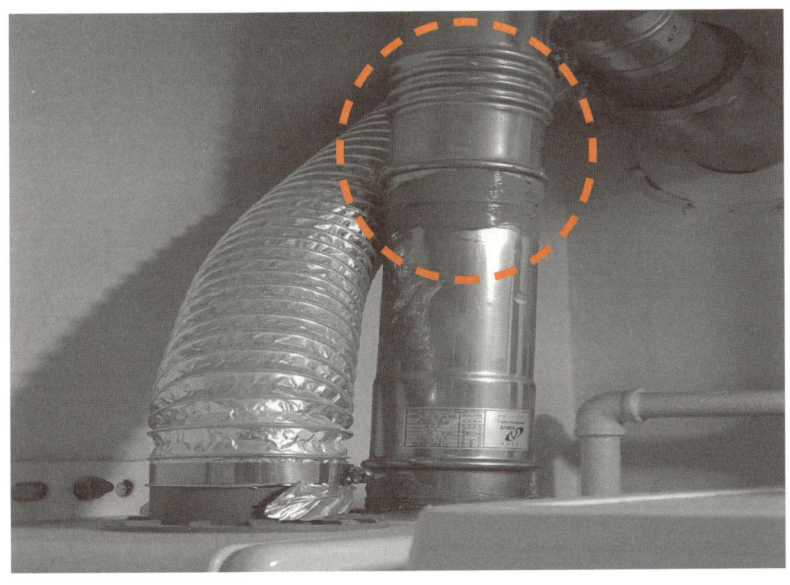

외부로 가스를 배출하는 가스보일러의 연통

수 있으니 주의해야 한다.

시간이 지나면 실링이 유연해져서 끈적거리기 때문에 주기적으로 손을 사용해 상태를 체크할 필요가 있다. 만약 가스보일러가 다용도실 등에 있다면 창문을 살짝 열어두거나 일산화탄소 센서(측정기)를 비치해 두는 것도 좋은 방법이다.

**두 번째, 가스레인지를 사용할 때 창문을 열고, 후드를 켜야 한다.** 도시가스의 주성분인 $CH_4$(메탄)이 연소될 때 주변에 산소가 충분하면 완전연소가 일어난다. 하지만 연소하면서 순간적으로 산소가 부족해질 수도 있다. 이때 일산화탄소가 발생하기 때문에 필수적으로 환기해야만 한다. 캠핑장에서 LPG(액화석유가스)를 연료로 하는 가스난로를 연소하는 것 또한 가스레인지와 같다. 특히나 텐트 안에서 가스난로를 사용한다면 텐트 안에 순식간에 일산화탄소 농도가 치솟을 수 있으므로 반드시 실외에서만 사용해야 한다. 이 외에 자가발전기도 조심해야 한다. 대형 버스의 짐 보관실에서 자가발전기를 가동하면 휘발유와 경유가 연소하면서 높은 농도의 일산화탄소가 발생해 승객이 타고 있는 곳으로 새어 나올 수 있다. 그러므로 반드시 야외에서 사용하고 실내에서는 사용을 자제해야 한다.

**세 번째, 화재 발생 시 유독가스를 조심해야 한다.** 화재가 발생하면 다양한 질소산화물이 발생하게 된다. $NO_2$(이산화질소), $H_2S$(황화수소), $NH_3$(암모니아), $Cl_2$(염소기체)와 HCHO(포름알데히드) 등의 독성이 독성이 강한 기체를 흡입하게 된다면 어떤 천하장사도 화재 현장에서 5분을 버티긴 어렵다. 아파트에 화재가 발생하면 고층은 옥상으로, 저층은 1층으로 대피해야 한다는 사실을 누구나 알고 있을 것이다. 왜 그래야 할까? 유독가스가 집 내부로 유입되면 결국 사망에 이를 수 있기 때문이다. 불이 나면 문 바깥의 상황을 빨리 확인해 연기가 크게 발생하지 않은 곳으로 대피해야 한다. 그렇지 않으면 각종 유독가스로 인해 의식을 잃을 수 있기 때문이다. (심지어 일산화탄소는 냄새조차 나지 않는다) 또한 물을 적신 수건 등으로 코와 입을 막는 것도 중요하다. 물을 묻히면 유독가스가 물에 달라붙기 때문에 호흡할 때 실제로 몸에 유입되는 양을 꽤 줄일 수 있다. 그리고 자세가 매우 중요한데, 최대한 몸을 굽혀 낮은 자세로 이동해야 한다. 상대적으로 바닥 가까이에는 유독가스의 양이 적기 때문이다.

그런데 만약 문을 열었을 때 이미 복도나 계단에 연기가 자욱한 상황이어서 시야를 가릴 정도라면, 적극적인 대피보다는 차라리 구조를 기다리는 것이 더 현명한 방법이다. 물에 적신 수건으로 아무리 코와 입을 막고, 낮은 자세로 움직여도 유독가스에 의해 치명적인 피해를 볼 가능성이 매우 높기 때문이다. 따라서 그냥 내부에 머물면서 문 틈새를 젖은 수건과 천으로 최대한 막고, 유독가스의 유입을 최대한 지연시키면서 소방대원의 구조를 기다려야 한다. 그리고 혹시 모를 더 큰 화재를 막기 위해서, 가능한 가스 밸브를 모두 잠그고, 전기 스위치도 모두 off로 바꿔 놓는 것도 매우 중요하다. 평소에 소화기와 방독면을 비치하는 것도 꽤 좋은 대처법이 될 수 있다.

# 당신이 죽고 나서
# 후회하는 습관

# 올리브유의
# 뜨거운 반란

건강한 식단이라고 하면 먼저 떠오르는 게 있다. 바로 지중해 식단이다. 지중해는 남부 프랑스, 남부 이탈리아, 그리스의 크레타섬을 보통 통칭한다. 일반적으로 이곳에 거주하는 사람은 미국보다 심장병이나 알츠하이머 발병률이 낮다고 알려져 있다. 지중해식 식단을 실제로 분석해 보면 포화지방 섭취량이 낮고 식이섬유가 많은 것을 알 수 있다. 과일, 야채, 곡물, 견과류 위주로 식단이 짜여 있으며, 지방 섭취는 주로 올리브유를 이용하고, 동물성 식품은 소량만 섭취하는 등의 채식 위주 식단인 걸 알 수 있다. 채식 위주 식단이라니, 생각보다 '별것 없네!'라고 생각할 수 있다. 채식 위주의 식습관이 건강에 유익하단 사실

당신이 잘못 알고 있던 파묻힌 진실들

은 아주 예전부터 누구나 알고 있기 때문이다. 그런데 딱 하나 차이점이 있다. 바로 올리브유다. 동물성 식품에서 지방을 섭취하지 않고, 식물성 올리브유를 통해 지방을 얻는다는 사실이 알려지자. 많은 이들이 올리브유를 장수 음식으로 인식하게 되었다.

올리브유는 어떤 음식일까? 올리브유는 단일 성분이 아니라 여러 가지 화학성분이 섞여 있다. 그중에는 항산화 작용을 하는 파이토뉴트리언트phytonutrient라는 성분도 존재하고, 항염 작용과 골다공증 예방효과가 있는 다양한 페놀화합물도 존재한다. 그리고 올리브유에는 알파 리놀렌산Alpha-linolenic Acid이라는 대표적인 오메가3지방산이 들어 있다. 체내 유입 시 EPA와 DHA로 전환되는 성분으로 주로 고등어, 견과류, 들기름, 푸른잎채소류에 많다고 알려져 있다. 참고로 올리브유 열량의 약 80%가 지방이다. 그런데도 문제 삼지 않는 이유는 대부분의 지방이 올레산oleic acid이라고 불리는 불포화지방산이기 때문이다.

지방산의 화학구조를 간단히 살펴보면 탄소 이중결합이 포함돼 있으면 '불포화지방산'이라고 부르고, 이중결합이 없으면 '포화지방산'이라고 부른다. 올레산은 이중결합을 갖고 있기 때문에, 전형적인 불포화지방산이라고 볼 수 있다. 탄소 이중결합 위치가 어디냐에 따라서 오메가3, 오메가6, 오메가9 등으로 결정되는데, 올레산은 오메가9으로 분류된다. 올리브유가 몸에 유익하다는 근거로 제시되는 게 바로 이 올레산이다. 많은 사람이 올레산이 식물에만 풍부하다고 생각하는데, 실제로는 소고기, 돼지고기 등에도 올레산은 포함돼 있다.

이 올레산은 우리 몸 안에서 전체 콜레스테롤 수치를 낮춰 준다고 알려져 있다. 특히 나쁜 콜레스테롤인 LDL 수치만 주로 낮추기 때문에 유익한 화학성분으로 평가받고 있다. 올레산은 모유에도 많이 함유돼 있고, 아기의 성장과 발달에 긍정적인 영향을 주기도 한다. 올리브유에는 리놀레산 linoleic acid이라는 성분도 포함돼 있는데, 오메가6지방산으로 분류한다. 보통 오메가3는 좋은 것이라는 인식이 있고 오메가6는 나쁜 것이라고 생각하는 경우가 있는데, 전혀 사실이 아니다. 오메가6는 세포막의 생합성에 사용되는 매우 유용한 성분이다. 만약 리놀레산의 결핍이 오면 유아의 경우는 발육 부진과 면역반응장애를 겪을 수도 있다. 중요한 건 오메가3와 오메가6의 비율이다.

그럼, 올리브유는 당연히 몸에 좋기만 할까? 그렇지 않다. 자연계에 존재하는 올레산과 같은 불포화지방산은 대부분 기하 이성질체 형태 cis-trans isomerism의 구조인데, 높은 온도까지 올라가게 되면 결합 형태가 트랜스 trans 형태로 변하게 된다. 탄소수가 변한 것이 아니고 구조가 살짝 바뀐 것이며, 기하 이성질체 구조 cis-trans isomerism를 갖는 올레산이 트랜스 형태로 변형된 것을 엘라이드산 elaidic acid이라고 부른다. 이 엘라이드산이 전형적인 트랜스지방이다.

식품 뒷면을 보면 트랜스지방 함유량을 본 적이 있을 것이다. 왜 정부에서는 표기하도록 하였을까? 그 이유는 바로 트랜스지방이 가진 독성 때문이다. 트랜스지방이 몸에 들어오면 몸의 효소가 제대로 작용하지 못하게 된다. 결국 제대로 배설되지 못한 채 우리 몸에 잔류하면서 몸 전체의 세포막, 호르몬, 여러 효소 등의 구조를 왜곡할 수 있다. 또한, 혈중 LDL콜레스테롤 수치를 상승시키며 HDL콜레스테롤 수치는 감소시켜서 심혈관질환의 발생 위험을 증가시킬 수 있는 매우 위해성 높은 성분이다.

180 ℃ 이상의 고온이 되면 올레산은 트랜스 구조로 변환될 수 있다. 올리브유뿐만 아니라 해바라기씨유, 아보카도유 등 다양한 식물성 기름은 발연점이 높은데, 이런 것들도 200 ℃ 이상의 고온에 노출되면 올레산이 트랜스 구조로 변환된다. 식물성 기름이 고온에 노출되면 트랜스 구조뿐만 아니라 알파리놀렌산 Alpha-linolenic Acid과 같은 오메가3지방산의 산화가 빠르게 일어난다. 오메가3 영양제를 한 번쯤이라도 먹어본 사람이라면, 영양제 먹을 때 냄새가 심하게 나면 폐기하라는 말을 들어봤을 것이다. 그 이유는 오메가3는 산화가 잘 되는데, 이렇게 산화된 불포화지방산은 오히려 우리 몸에 나쁜 결과를 초래한다는 연구 결과가 있기 때문이다.

정리하자면, 올리브유와 같은 식물성 기름은 드레싱 정도로만 활용하는 것이 가장 적합하다. 실제 지중해 지역 사람은 올리브를 드레싱으로 먹거나 과육 자체로 섭취하지, 고온에 볶고 튀기는 용으로 주로 사용하지 않는다. 그러므로 건강을 위해서는 평소에 낮은 온도에서 조리하는 습관을 들이고 가급적 고기는 삶아 먹는 습관을 들이는 것이 중요하다. 물을 기반으로 삶으면 100 ℃까지 밖에 올라가지 않기 때문에, 앞서 언급한 유해화학물질이 생성되는 것을 막을 수 있다.

❶ 올레산이 많은 돼지고기와 소고기도 높은 온도에서 구워서 먹는다면 해로운 물질을 같이 먹는 것과 다름없다. 그동안 의학계에서 '구이 섭취 자제'를 건강하게 사는 지름길로 삼은 것을 기억할 필요가 있다. 실제로 유명한 오키나와 장수촌의 노인층이 고기를 주로 삶은 형태로 섭취한다는 것은 이미 잘 알려진 사실이다.

❷ 채식주의자들도 마찬가지로 주의할 게 있다. 고기만 안 먹는다고 건강한 식습관이라고 할 수는 없다. 식물성 기름을 두르고 고온에서 볶음밥을 자주 먹는 채식주의자라면, 채식으로 인한 유익함보다 오히려 잃은 게 더 많다는 점을 기억해야 한다.

# 환경호르몬의 대명사가 된
# 커피 뚜껑

2022년 한국원자력의학원에서 *Theranostics* 저널에 발표한 PS(폴리스티렌)polystyrene에 대한 독성 연구의 결과는[17] 전 세계를 놀라게 했다. 10마이크로미터의 PS 미세 플라스틱이 암세포 성장을 빠르게 하고, 암 전이 가능성도 최대 10% 이상 증가시킨다는 사실을 밝혀냈기 때문이다. 그뿐만 아니라 항암제의 내성까지 일으킬 수 있어서 결과적으로 암 악화 가능성이 더 높아진다는 사실도 공개했다. 보통 암 진단을 받게 되면 제일 먼저 전이 여부부터 판단하는 경우가 많다. 전이된만큼 치료법도 달라지고 치료하기가 어려워지기 때문이다. 그런데 해당 연구에서 암의 성장 속도는 약 74% 이상 더 빨라지고 전이 가능성은 최대 11배 높아진다는 충격적인 결과를 발표한 것이다. 여기에 대해 세계보건기구는 공식적으로 미세 플라스틱에 대해서 150마이크로미터 이상의 크기는 체내에 흡수될 수 없어 크게 우려할 필요가 없다고 입장을 밝혔다. 반대로 말하면 1마이크로미터(1,000나노미터) 이하인 나노 플라스틱에 대해서는 알 수 없다는 뜻이기도 하다. 나노 플라스틱의 체내 흡수율이 높은 것에 비해 별다른 연구 결과가 없기 때문이다.

그런데, 쇼츠, 틱톡, 인스타그램, 유튜브, 트위터 등의 SNS를 통해 미세 플라스틱에 대한 잘못된 정보나 무분별한 소문이 떠돌고 있어 문제가 되고 있다. 그중의 하나가 바로 커피 뚜껑과 관련된 소문이다. 플라스틱으로 제조되는 커피 뚜껑에는 유해한 물질이 숨어있어서 우리가 커피를 마실 때마다 유해한 화학물질을 마시게 된다는 소문이다. 심지어 그 유해한 화학물질이 환경호르몬이라고 하니 커피 마실 때마다 찜찜한 기분이 안 들 수 없다.

커피 뚜껑은 폴리스티렌 플라스틱(이하 PS라고 하겠다.)으로 만들어졌다. PS는 가공성이 매우 좋아서 원하는 형태로 제조하기가 매우 쉽고, 저비용 제조가 가능하며, 전기 절연성도 뛰어나다. 각종 산성, 알칼리성, 기름, 알코올 등과 같은 화학물질에 대한 저항성이 매우 높아서 장난감, 각종 생활용품, 산업용품 등에 널리 활용이 되는 범용 플라스틱이다. 또한, 가공성이 좋아 플라스틱 안에 수많은 기공을 형성하는 것도 용이해서 발포폴리스티렌 형태로도 널리 사용되고 있다.

한국소비자원 연구 결과(2023년)에 따르면, 범용 플라스틱인 PS로 만든 커피 뚜껑에서 평균 2개 또는 0.7개의 미세 플라스틱이 관찰됐다.

당신이 잘못 알고 있던 파묻힌 진실들

크기는 20마이크로미터 이상의 것들이었다. (20마이크로미터 미만은 관찰하지 않았지만, 이론적으로 PS는 나노 플라스틱이 과량 발생하기는 어려운 소재다) 그럼 뜨거운 커피가 담겨있다면 어떻게 될까? 일반적으로 PS의 유리전이온도(말랑거리기 시작하는 온도)는 약 100 ℃도 전후다. 그래서 뜨거운 커피가 커피 뚜껑을 지나게 된다면 PS가 일부 떨어져나오는 건 아닌지 우려하는 이들도 있다. 하지만 현실적인 사용조건을 생각한다면 그렇게 우려할 사안은 아니다. 뜨거운 커피를 컵에 담게 되면 순식간에 온도가 내려간다. 또한, 100 ℃ 수준의 뜨거운 커피를 바로 마실 수 있는 사람은 없다. 보통 어느 정도 식은 다음에 섭취하는 게 일반적이기 때문에 따듯한 커피를 마실 때 미세 플라스틱을 우려할 필요는 없다. 열을 가할 필요가 없는 요거트병도 마찬가지다. 제품 초기 평균 1~2개(20마이크로미터 이상) 정도 떨어질 수 있는 것을 제외하면 우려할 필요가 없다.

그렇다면 환경호르몬 우려는 어디서 시작된 것일까? 논란의 시작은 2010년, 한국식품위생 안전성학회지에 실린 실험 결과였다. PS가 사용된 컵라면 용기를 60 ℃에 노출하니 유해물질이 용출된 것을 확인할 수 있었다. 커피 뚜껑도 같은 PS를 사용하니 비슷한 논리로 위험하다고 생각하는 사람들이 생겨났다. 그래서 우리나라 환경단체 중에는 커피 뚜껑을 PP로 교체하자고 주장하는 곳도 있다. 실제로 대만의 맥도날드 같은 경우엔 우리나라처럼 PS가 아닌 PP(폴리프로필렌)소재를 사용하고 있다.

PS는 스티렌을 이용해서 만드는데, 가장 문제가 되는 게 발포폴리스티렌이다. 그리고 이 스티렌이 플라스틱 제조 시 내부 반응에 참여하지 않고 남아 잔류해 문제를 일으킬 수 있다. 미반응 스티렌은 신장 독성과 간독성을 일으킬 수 있으며, 정자 감소뿐만 아니라 비정상적인 정자의 증가도 유발할 수 있다. 또한, 생리주기에 이상을 불러일으킬 수도 있다. 한마디로 노출을 최소화해야 할 위험성 높은 화학물질이다. 그리고 이 발포폴리스티렌은 보통 만두나 김밥 등을 담는 편리한 도시락 용기나 라면 용기 등으로 활용된다. 특히 라면 용기는 종이를 기반으로 PE(폴리에틸렌)을 내부코팅한 경우가 대부분인데, 여전히 일부 제품은 발포폴리스티렌 형태로 판매되고 있다. (참고로 용기를 바꾸면 온도가 보존되는 정도가 달라지기 때문에 맛도 변한다) 발포폴리스티렌은 내부에는 수많은 기공이 형성돼 있기 때문에 표면적이 급격히 증가하는 특징이 있다. 이 상태에서 뜨거운 액체류를 넣게 되면, 뜨거운 열이 닿는 면적이 넓어 기계적 물성이 매우 약해지게 된다. 이때 우리가 음식을 먹는 과정에서 각종 젓가락이나 스푼 등으로 용기 벽면 등을 긁게 되면 플라스틱 조직이 쉽게 분해돼서 떨어진다. 그리고 이 떨어진 조직이 바로 미세 플라스틱이다. 때에 따라서는 나노 플라스틱도 발생할 가능성도 매우 높아 주의가 필요하다.

이런 위험성을 갖고 있다 보니, 국민의 불안감을 불식시키기 위해서 정부(식약처)에서 대대적인 조사를 진행했었다. (2021년 9월) 컵라면 용기, 일회용 컵, 뚜껑 등의 폴리스티렌 용기 49건에 대해서 잔류할 수 있는 스티렌, 톨루엔, 에틸벤젠, 이소프로필벤젠 등의 용출 여부를 검사했다. 결과는 49건 중 8건에서 스티렌이 미량 검출되었다. 다행히 용출량은 인체노출안전기준 대비 2.2%로서 매우 안전한 것으로 드러났다.

그러나 이 결과에 대해서도 의구심을 갖는 이들이 있다. 당시 식약

당신이 잘못 알고 있던 파묻힌 진실들

처에서 진행한 실험이 특정 용매로 용출 실험을 진행했는데, 여기에 대해 실제 사용조건과 달라 결과를 신뢰하기 어렵다는 문제가 제기되었다. 어떻게 보면 식약처가 사용한 특정 용매가 실제 생활에서 사용하는 용매가 아니기 때문에 이와 같은 주장은 매우 합리적이라고 할 수 있다. 하지만 식약처가 특정 용매를 사용한 것은 사실 더 가혹한 조건이다. 일상생활에서 커피 뚜껑이 이보다 더 가혹한 환경에 노출되기란 거의 불가능에 가깝다고 보면 되기 때문이다.

커피 뚜껑에 대한 논란은 더 있다. 바로 커피 뚜껑에 묻은 립스틱이다. 립스틱의 기름 성분 등이 잔류하게 되면서 미반응 스티렌을 빠져나오게 한다는 주장이 있다. 합리적인 의심이지만, 이 또한 현실적으로 가능하지 않다. 앞서 언급한 가혹한 특정 용매로도 용출되지 않는데, 립스틱 속 계면활성제나 기름 성분에 의해서 닿자마자 스티렌이 용출된다는 것은 거의 불가능에 가깝다.

그렇다면 마냥 안심해도 되는 것일까? 그렇지는 않다. 우리가 커피 배달을 시키면 커피 뚜껑 구멍을 랩 등으로 막아서 배달하는 경우가 많다. 이렇게 되면 컵 내부의 뜨거운 증기가 빠지지 못하면서 순간적으로 온도가 높아진다. 이때 잔류하고 있던 스티렌 성분이 용출돼서 커피 안으로 들어가는 건 충분히 가능하다. 컵라면 용기에 뜨거운 물을 부으면, 잔류 스티렌이 빠져나오는 것과 같은 이치다.

일반적인 사용 환경에서 커피 뚜껑의 스티렌이 용출될 우려는 없다. 하지만 잘못 사용하면 스티렌이 용출될 수 있으니, 항상 소비자는 조심해야 한다. 그리고 발포폴리스티렌은 뜨거운 음식을 담는 것은 자제해야 하며, 뜨거운 음식을 담을 때는 미리 집에서 안전한 용기를 가져가 스티렌 용출을 막는 것이 좋다.

# 필수 주방용품
# 랩의 배신

가정집과 배달하는 가게에서 거의 필수로 사용되는 제품 중 하나가 바로 랩이다. 무언가를 포장할 때 매우 유용하고 투명해서 내용물 확인에도 용이하다. 그뿐만 아니라 가격도 저렴해 보급도 쉽다. 이 랩 소재로 가장 많이 사용되는 것은 PVC와 PO다. PVC는 폴리염화비닐polyvinyl chloride의 약자로, 그 자체는 유연성이 없다. 그래서 부드럽게 만들기 위해서 대체로 가소제를 넣는다. 그리고 이때 사용되는 가소제는 환경호르몬 논란에 종종 휩싸이곤 한다. 반면 PO는 폴리올레핀polyolefin 계열을 의미하며, PP(폴리프로필렌)와 PE(폴리에틸렌) 등을 지칭한다. 선형 저밀도 폴리에틸렌linear low-density polyethylene으로, 선형구조 덕분에 별도의 가소제 없이도 랩을 만들 수 있다.

　PVC로 포장했던 음식을 먹어도 괜찮을까? PVC랩이 뜨거운 열기에 노출되거나 매우 기름진 음식에 오래 접촉하게 되면, PVC랩으로부터 프탈레이트 가소제가 빠져나올 수 있다. 문제는 이 가소제가 환경호르몬을 발생시킬 수 있다는 점이다. 짬뽕처럼 뜨거운 음식을 PVC랩으로 포장한 뒤 먹을 경우, 프탈레이트 가소제에 노출될 가능성이 매우 높아지게 된다. 또한 PVC 소재는 재활용이 불가능하고, 태울 때 염소 관련 화합물이 발생한다는 단점이 있다. 그래서 정부에서는 환경을 위해 사용 금지를 추진하고 있다.

　하지만 안타깝게도 현재까지도 일본보다 PO 랩의 성능이 떨어져서 여전히 PVC를 사용하고 있다. 시장 점유를 고려해 해당 규제를 보류한 것이다. 마트의 고기 포장을 유심히 본 적이 있는가? 마트에서 고기 포장으로 주로 사용되는 랩은 대부분 PVC 소재다. PVC는 PO보다 점착력이 뛰어나고 물방울도 잘 맺히지 않는다. 만약 마트의 고기를 감싼 랩에 물방울이 맺혀 있다면 소비자는 신선도를 의심하게 될 거다. 그리고 점착력이 떨어진다면 음식 보관도 어렵게 된다. 즉, 발전하지 못한 PO 랩 사용은 소비자의 불만족으로 이어질 가능성이 크다.

　그럼에도 우리는 PVC 사용을 줄일 필요가 있다. PVC에 들어가는 프탈레이트 가소제는 내분비계에 영향을 줄 수 있고, 대사나 생식기관 등에도 문제를 일으킬 수 있기 때문이다. 물론 국내산 PVC 업체들은 최근 프탈레이트 가소제를 사용하고 있지는 않다. 하지만 일반 소비자가 식당과 마트 등에 쓰이는 PVC랩이 국내산인지 수입산인지 알 길은 없단 사실을 알고 항상 주의하는 것이 좋다.

　　　　　　　　당신이 잘못 알고 있던 파묻힌 진실들

❶ PVC랩으로 오랜 기간 음식이 닿은 채로 있다가 뜯어지게 되면, 냉장 보관이더라도 뜯는 과정에서 미세 플라스틱이 발생할 수 있다. 결국 미세 플라스틱이 음식과 함께 체내로 들어오는 과정에서 PVC 랩에 사용된 가소제도 함께 들어오게 된다.

❷ LLDPE 랩도 전자레인지에 돌리는 등 잘못 사용하면, 조직이 분해되면서 미세 플라스틱이 발생할 수 있다. 그러므로 건강을 위해서 무엇보다 올바르게 사용하는 습관을 들이는 것이 중요하다. 무엇이든 올바르게 사용해야만 위험하지 않다는 사실을 기억하자.

# 조작된 샤워기
# 시험성적서

요즘 가정집에서는 흔하게 샤워기를 발견할 수 있다. 퇴근 후 시원하게 샤워하는 것은 평범한 일상이 된 지 오래다. 그런데 만약 매일 하는 샤워기 호스에서 유해화학물질이 나오고 있다면 어떨까? 생각만 해도 끔찍할 것이다. 누군가는 샤워하며 입을 헹구기도 하는데, 유해화학물질이라니? 놀라지 않을 수 없다.

샤워 호스는 크게 일반 스테인리스 같은 금속 계통과 PVC 같은 플라스틱 계통이 널리 사용되고 있다. 그중 금속 계통은 시간이 지날수록 겉면에 각종 물 때와 이물질이 잘 형성되기도 하고, 쉽게 닦이지도 않아 사용에 불편함이 있다. 그래서 최근에는 부드럽고 깔끔한 느낌의

당신이 잘못 알고 있던 파묻힌 진실들

플라스틱 샤워 호스가 널리 쓰이는 추세다. 플라스틱 계열의 샤워 호스는 대부분 PVC(폴리염화비닐) 소재가 쓰이고 있다. 그래서 혹여 샤워할 때마다 프탈레이트phthalate 계열의 가소제가 빠져나오지는 않을지 우려하는 이들도 있다. 이런 PVC 소재에 대한 소비자의 불안을 잠재우기 위해 대부분의 제조사에서는 '프탈레이트 미검출 시험성적서'를 해당 판매 홈페이지에 대문짝만하게 강조하고 있다.

그럼, 프탈레이트 가소제 미검출 문구가 있다면 안심해도 될까? PVC 소재는 가소제 없이 부드러운 물성을 부여하기 어렵다. 그래서 대부분의 PVC 제품에는 가소제가 함유돼 있다. 그나마 다행인 점은 일반적으로 샤워 시 사용하는 온수라고 하면 37~40 ℃ 초반인데, 이 정도 온도에서는 PVC 샤워 호스 안의 가소제가 용출되지 않는다는 사실이다. 게다가 가소제도 많이 사용하지 않아서 용출될 걱정은 할 필요 없다. 다만 오랜 기간 PVC 샤워 호스를 사용하게 되면, PVC 조직 자체가 서서히 분해 현상을 겪기 시작한다. 그러면 잔류 가소제가 용출될 수 있고, 시간이 더 지나면 표면적이 점점 증가해 더욱 많은 양의 가소제가 용출될 수 있다. 따라서 PVC 샤워 호스는 6개월 전후로 정기적으로 교체해서 사용하는 것이 제일 바람직하다.

그러나 가소제에는 프탈레이트 계열만 있는 게 아니기 때문에 주의할 필요가 있다. 프탈레이트 계열 외에도 아디페이트Adipates 계열, 트리멜리테이트Trimellitates 계열, 알킬 황산염Alkyl Sulfates 등도 PVC 가소제로 사용된다. 다른 가소제를 사용해도 '프탈레이트 가소제 불검출'이라는 시험성적서를 받을 수 있기에 주의해야 한다. 안타깝게도 프탈레이트 외 다른 가소제의 위험성에 대해서는 아직 연구 결과가 충분하지

않다. (프탈레이트 가소제에 대한 연구 결과가 많은 이유는 사용 역사가 매우 오래됐기 때문이다)

# 향기가 당신을
# 죽이는 방법

모두들 가습기 살균제 사건을 기억할 것이다. 가습기 내부 살균을 위해 사용했던 제품이 결과적으로 폐 섬유화를 일으켜 수백 명의 사망자와 수천 명의 피해자를 양산했던 사건을 말이다. 이 사건을 계기로 코로 흡입하는 화학물질에 대한 소비자의 경계는 양초, 향초, 인센스 스틱 등에 대한 우려의 목소리로까지 번지게 되었다. 실제로 향을 피우는 유명인이 흡연하지 않는데도 불구하고 폐암으로 사망한 사건이 발생한 적이 있다. 왜 이런 문제들이 발생하는 것일까?

향기를 피우는 향초와 인센스 스틱에 주로 사용되는 성분은 탄화수소계다. 탄소와 수소를 주성분이라서 연소할 때 주변에 산소가 충분하면 $CO_2$(이산화탄소)가 발생하고, 산소가 불충분할 때는 $CO$(일산화탄소)가 발생하게 된다. 문제는 주로 방안에서 사용한다는 점이다. 이것들이 연소하게 되면 빠르게 주변 산소를 소모하게 되는데 그때마다 순간적으로 산소가 부족해지는 순간이 발생한다. 이는 피할 수 없는 필연적인 상황으로, 이산화탄소 발생은 막을 수 없다. 문제는 일산화탄소를 많이 흡입하면 나른하고 차분해지는데 이게 향의 효과라고 착각하여 방치하기 쉽다는 점이다.

그리고 향초나 인센스 스틱은 별도로 향료 등을 첨가하는 경우가 많은데, 이런 것들이 연소하면서 벤진benzene과 미세먼지 등의 유해화학물질이 발생하게 된다. 아파트 욕실 넓이의 공간에서 인센스 스틱을 15분간 연소했을 때, 신축공동주택 실내 공기질 권고기준을 초과하는 벤진(국제암연구소 기준 1군 발암물질)이 검출돼서 많은 이들에게 충격을 안겨주기도 했었다. 다행히도 정부(환경부)에서 인센스 스틱에 대해서 유해물질 기준을 마련했다. 하지만 안타깝게도 제품 내 성분에 그쳤고, 각 성분이 연소할 때 나오는 유해화학물질에 대해서는 어떤 기준도 제시하지 않았다.

그렇다면 대안으로 주목받는 캔들 워머는 안전할까? 캔들 워머는 전구를 이용해 열로 향초를 녹이면서 향료 등의 특정 성분이 휘발할 수 있게 해 심신 안정 등을 유도하는 제품이다. 태울 필요가 없어 일산화탄소 발생 우려는 없다. 하지만 밀폐된 공간에서 오래 사용하게 되면 향료 성분에 상대적으로 더 많이 노출될 수 있다는 단점이 있다. 향료가 기관지를 거쳐 폐로 직행하는 양이 늘게 되면 어린이나 노약자일수록 건강에 악영향을 미칠 우려가 크다. 그래서 캔들 워머를 사용하더라도 지속적으로 환기를 하는 것이 좋다.

올바른 생활 습관 TIP

---

향초 등 향료가 들어간 제품을 보면, '4시간 사용 후 환기 필수'라는 문구가 적혀 있는 것을 쉽게 볼 수 있다. 이것이 사소한 경고문구가 아니란 것을 꼭 명심해야 한다.

# 살균소독제의
# 인체 독성

 2019년 말 코로나19 감염자가 처음 나오고, 2020년에 팬데믹이 전 세계를 뒤덮었다. 그리고 가장 많이 팔린 게 바로 마스크와 살균소독제였다. 당시에는 어느 장소에 방문해도 살균소독제가 비치된 걸 볼 수 있었다. 완전히 종식되었다면 좋았겠지만, 불행히도 아직 완전히 코로나19는 종식되지 않았고, 감기처럼 유행하면서 마스크와 살균소독제는 이제 일상이 되었다. 미래에도 바이러스는 계속 변화하고 생성되기에 앞으로도 살균소독제를 사용하면서 살아갈 수밖에 없다.

 그럼, 이제는 일상이 된 살균소독제 성분은 안전한 게 맞을까? 살균소독제의 대표적인 화학성분은 바로 염화벤잘코늄Benzalkonium chloride

이다. 염화벤잘코늄은 팬데믹 전부터 살균소독제로 널리 활용되었다. 특히 방부제, 바닥 청소제, 수술 도구 소독제, 손 세정제, 항균 티슈 등에 널리 사용되었다. 무엇보다 상처 부위에 자극 없이 소독할 수 있다는 장점 때문에 피부 소독용으로도 활용될 정도로 광범위한 용도를 자랑해 왔다. 팬데믹 당시 코로나 환자의 동선을 따라 방역하던 사람들을 기억할 것이다. 이때 주로 활용된 성분이 염화벤잘코늄이다. 이렇게 광범위하게 으레 널리 사용하는 화학성분이니 당연히 별문제가 없을 거라고 생각할 수 있다.

하지만 그전까지는 살균소독제를 호흡기로 직접 들이마시는 경우가 거의 없었다. 그래서 호흡기 독성에 대한 연구는 거의 진행되지 않았다. 검증되지 않았는데 무분별하게 공기 중으로 살포했던 거다. 그리고 2020년 산업안전보건연구원의 연구 결과, 염화벤잘코늄의 흡입 시 비염을 유발할 수 있다고 발표했다. 2022년에는 경희대 박은정 교수 연구팀에서 폐 조직 손상까지 불러일으킬 수 있다는 결과까지 발표되었다.

n = 8, 10, 12, 14, 16, 18

염화벤잘코늄(Benzalkonium chloride) 화학구조

그렇다면 염화벤잘코늄이 없는 에탄올 100%의 손 소독제는 괜찮

을까? 에탄올은 술에도 포함되는 성분이니 쉽게 안심할 수도 있다. 하지만 섭취 독성과 흡입 독성은 다르다. 에탄올은 섭취할 수 있지만, 흡입하게 되면 세포질 감소와 간경화를 유발한다는 동물실험 연구 결과가 있다. 사람이 고농도로 노출되면 호흡곤란, 두통, 어지러움, 피로 호소 등의 독성도 관찰되었다. 에탄올은 그동안 섭취 독성 위주로만 연구돼서 흡입 독성에 관한 연구 결과가 많지 않다는 점을 생각하면 더 주의가 필요하다,

**올바른 생활 습관 TIP**

**'살균소독제'를 어떻게 사용해야 하는 게 바람직할까?**

분무 형태로 사용하는 것은 무조건 지양하고 수건 등에 묻혀서 닦는 등 직접적으로 들이마시지 않도록 해야 한다. 또한 소독할 때는 반드시 환기해서 흡입하는 양을 줄이는 게 좋다. 올바른 사용이야말로 방역과 건강을 모두 지킬 수 있다는 사실을 기억하기 바란다.

# 먼지 제거 스프레이가
# 마약이 된 이유

2023년 충격적인 뉴스가 보도됐다.[18] 스프레이 환각을 즐기는 10대들에 관한 내용이었다. 마치 마약처럼 스프레이를 들이마신 뒤 환각 상태를 즐기는 사람이 늘고 있고, 빠르게 공유된다는 내용이었다. 이후 2023년 9월에는 '2천원 마약'이란 제목의 기사[19]가 후속 보도되었다. 업계에서는 먼지 제거 스프레이의 판매를 중단했지만, 정부는 뒷짐 지고 있었고, 관할 부서는 찾을 수 없다는 내용이 보도되었다.

도대체 먼지 제거 스프레이에 어떤 성분이 있길래 이렇게 마약처럼 환각과 중독 현상을 일으켰던 것일까? 주요 성분은 LPG로 불리는 액화석유가스다. 주로 프로판Propane과 부탄Butane으로 이루어져 있다. LPG

는 스프레이 제품의 분사제나 냉각기 냉매 등으로도 사용되고 있어 흡입하기 쉬운 형태로 제품이 나오는 편이다. 문제는 LPG를 과량 흡입하게 되면 뇌에 산소가 부족해져서 환각 증세가 나타난다는 사실이다. 그리고 잠깐의 환각 경험 후 다시 뇌가 정상으로 돌아와도 그 위험성에 대해 심각히 인지하지 못할 수도 있어 남용의 우려가 있다. 또한, 쉽게 중독을 일으킬 수 있어 더욱 주의가 필요하다.

특히 주성분인 프로판을 지속적으로 흡입하게 되면, 중추신경계 억제 현상을 겪게 될 수 있다. 프로판에 중독되면 운동실조증과 직립반사 장애를 겪게 되고, 심하면 점진적 호흡억제 현상을 겪다가 사망에 이를 수 있다. 흡입한 프로판 가스는 이소프로판올isopropanol로 변환되고, 나중에 아세톤acetone으로 전환된다. 이때 발생한 이소프로판올 성분이 중추신경의 기능 저하를 일으킬 수 있다. 그리고 간, 신장, 심장 기능 저하를 일으키고, 뇌 손상이라는 치명적인 결과도 불러일으킬 수 있어 매우 위험한 성분이다. 또 다른 주성분인 부탄은 과량 흡입하면 급성 중독에 빠져 편마비가 올 수 있다. 그리고 심장, 중추신경계에 영향을 줄 수 있다. 지속적으로 남용하면 심장 부정맥이라는 치명적인 결과를 초래할 수 있어 이 또한 매우 위험성이 크다.

이렇듯 LPG의 독성이 매우 크다 보니 헤어스프레이 제품이건 먼지 제거 스프레이이건 제품 뒷면 주의 사항을 보면 '흡입하지 마시오'나 '환기가 잘되는 환경에서 사용하시오'라는 문구가 적혀 있다. 이렇게 주의 사항까지 명확한 제품이 마약처럼 오용되고 있는 것은 너무나 심각한 일이고, 더 이상 쉬쉬할 게 아니라 공식적으로 공론화해서 관련 대책을 마련할 필요가 있다.

# 숯불구이 대신
# 중금속 먹기

숯불구이 집에서 가장 중요한 건 바로 고기 불판인 석쇠다. 숯불구이 집에 가면 수시로 불판을 교체하고 있는 직원들을 쉽게 찾아볼 수 있다. 테이블마다 갈아야 하는 횟수를 생각하면 세척해야 하는 불판의 양도 그만큼 늘 수밖에 없단 걸 직감할 수 있다. 한 번 이용한 불판은 고기와 기름이 뒤엉켜 세척할 때 특히나 손이 많이 간다.

그런데 요새는 설겆이를 그렇게 걱정하지 않는 분위기다. 일회용 석쇠가 매우 대중화되었기 때문이다. 일회용 석쇠 제품에 적힌 성분을 보면 대부분 철선, 아연도금, 크로뮴 도금이라고 적혀 있는 것을 쉽게 볼 수 있다. 일회용 석쇠에 아연도금을 하는 이유는 철의 산화를 막기 위해 코팅한 것이다. 철 자체는 매우 산화가 잘 되기 때문에 외부에 노출되는 제품이라면 미관상 아연도금을 필수적으로 쓰인다. 그런데 왜 여기에 크로뮴 도금도 하는 걸까? 크로뮴 도금을 하면 광택을 내기 쉽고, 속까지 부식되는 걸 막아주는 효과가 있다. 그래서 주방용 식기에는 일명 크로메이트 처리라고 해서 크로뮴산염 처리를 하기도 한다.

SNS상에서는 철선 위에 코팅된 이런 크로뮴 성분을 우려하는 글들을 볼 수가 있다. 철선 위에 코딩되는 크로뮴의 형태는 매우 다양하지만, 주로 3가 화합물 형태로 과량 섭취하게 되면 광범위한 생식독성과 면역독성이 나타난다고 알려져 있기 때문이다. 그럼, 석쇠 구이는 먹으면 안 되는 것일까? 먼저 크로뮴 성분의 용출 여부를 따질 필요가 있다. 숯불의 높은 온도와 고기에서 나오는 다양한 성분으로 인해 크로뮴 성분이 일부 용출될 수는 있다. 그러나 실상은 고기에서 용출되는 각종 단백질 및 기름 등의 성분이 먼저 용출되거나 분해돼서 석쇠 표면에 들러붙는 양이 훨씬 더 많다. 한마디로 석쇠 위에서 고기를 구워 먹을 때, 용출된 크로뮴 성분은 거의 무시할 만한 수준이란 뜻이다. 따라서 일회용 석쇠 자체에 대한 두려움을 가질 필요가 없다.

별개로 숯에 포함된 착화제는 걱정해야 한다. 착화제는 불을 잘 붙이기 위해서 숯에 첨가하는 화학물질인데, (참숯은 비싸서 일반적으로 합성탄을 주로 사용하는데, 여기에 착화제를 첨가하는 경우가 많다) 이게 연소하면서 각종 산화질소류를 다량 발생시킨다. 그래서 실제 숯불구이집 내부를 측정해 보면, 이산화질소 농도가 매우 높게 측정된다. 이산화질소는 호흡기 계통에 문제를 일으키는 대표적인 대기오염

물질로 대다수의 나라에서 공기질 관리할 때 항상 측정하는 기체다.

03

당신의 수명을
갉아 먹는
일상 속 위험

# 오늘도 만들어지는
# 발암물질

# 네일샵 갔다가
# 피부암 걸리는 이유

길을 걷다 보면 조그마한 네일아트샵을 종종 발견하게 된다. 최근에는 대형 네일아트샵도 심심찮게 보일 정도로 네일아트의 인기는 식지 않고 있다. 이것은 비단 우리나라만의 이야기는 아니다. 자신을 표출하는 하나의 수단으로, 새로운 미적 기준으로 전 세계적으로 네일아트는 사랑받고 있다. 그중에서도 선호도가 높은 게 젤네일이다. 그런데 2023년 1월 네일아트에 반기를 든 논문 하나가 발표됐다. *Nature communications*라는 세계적인 저명 학술지에 루드밀 알렉산드로프 교수 연구팀(캘리포니아 주립대, 샌디에이고)은 젤네일할 때 사용하는 자외선이 피부암을 유발할 가능성이 있다는 연구 결과를 발표했다.

해당 연구는 성인의 피부 각질 세포, 포피 섬유아세포, 생쥐 배아 섬유아세포를 가지고 실험을 진행했다. 그리고 이들 세포에 대해 자외선을 장기간 조사했을 때, 피부암이 발병될 가능성이 증가한 것을 확인할 수 있었다. 구체적으로 미토콘드리아의 기능장애를 발생시키는 높은 수준의 활성산소종이 유발됐고, DNA 손상 가능성이 발견되었다. 또한, 인간의 표피 각질 세포의 게놈에 대해 영구적 돌연변이 유발 가능성이 있다는 충격적인 결과도 발표되었다.

해당 실험 결과가 나온 뒤 반론도 제기되었다. 세포가 단일층에서 성장해 실제 피부의 바깥층 보호가 부족한 상태에서 실험이 진행되었기에 실제 상황과 동일하게 여기기 어렵다는 주장이었다. 이에 대해 연구책임자였던 루드밀 알렉산드로프 교수도 해당 연구는 젤네일 램프가 피부암 유발 가능성을 높인다는 것을 최초로 밝힌 연구이지만, 피부암 발병 위험률을 정확히 확인하기 위해서는 최소 10년 이상의 장기 추적조사가 필요하다고 강조했다. 또한, 미국 FDA도 자외선이 피부를 손상시키는 건 맞지만, 라벨에서 지시한 대로만 잘 사용한다면 암 발생 위험이 낮을 것이라고 강조했다. 이에 덧붙여 미국피부과학회American Academy of Dermatology Association도 젤네일용 자외선램프로 인해 암이 발생할 위험은 많지 않다고 발표했다.

이 문제를 객관적으로 판단하기 위해서 우선 자외선의 역할을 정확히 이해하는 것이 중요하다. 네일샵에서는 자외선을 이용해 젤네일을 경화시킨다. 이때 불필요하게 자외선 노출을 길게 가지면 문제가 생길 수 있다. 젤네일 성분 중에는 개시제라는 화학물질이 있는데, 이 물질은 자외선에 노출되면 라디칼이라는 것을 생성한다. 라디칼이 생성되면 그때부터 연쇄반응이 일어나고, 고분자가 만들어지면서 단단한 코팅층을 이룰 수 있게 된다. 라디칼이 생성될 때까지만 자외선을 조사하면되고, 그 이상은 더 노출할 필요가 없다. 하지만 실제 현장에서는 필요이상으로 더 오랫동안 자외선에 노출하는 게 다반사다. 왠지 그래야 더단단해질 것으로 생각하기 때문이다. 그래서 지나친 자외선 노출로 인해 손등 통증이나 손톱 손상을 경험한 이들도 더러 있다.

정리하면 젤네일을 할 때 피부암까지는 걱정할 필요는 없지만, 피부노화 측면에서는 걱정할 필요는 있다. 그러므로 미국피부과학회의 권고를 따라 사용법을 준수해야 한다. 젤네일 시 자외선 차단제를 꼭 손등에 바르고, 업장에서는 장갑을 끼고 손가락 끝만 잘라서 손톱에만자외선이 조사될 수 있게 해야 한다. 그렇게 하면 자외선으로부터 손을보호할 수 있다.

**올바른 생활 습관 TIP**

가장 중요한 주의 사항은 바로 자외선 노출시간을 준수하는 것이다. 자외선의 역할을 이해했다면, 필요 이상의 자외선 조사는 금물이다. 반드시제품별로 기재돼 있는 자외선 노출 시간을 꼭 숙지하고 정확히 지킨다면피부 노화는 크게 걱정할 필요가 없다.

# 지지고 볶아 먹으면
# 암 걸리는 이유

2023년 9월, 매우 충격적인 뉴스가 보도되었다.[20] 식약처가 시중에서 판매 중인 해바라기씨유를 검사한 결과, 기준치 2.0 µg/kg보다 높은 2.9 µg/kg의 벤조피렌benzopyrene이 확인되어 판매 중단 및 회수 조치가 진행됐다는 내용이었다. 벤조피렌은 대표적인 다환 방향족 PAHs(다환방향족 탄화수소)로 생식독성과 발생독성을 유발할 수 있다. 인체 발암성이 명확히 밝혀져서 국제암연구소는 1군 발암물질로 지정하고 있는 성분이기도 하다. 게다가 폐암, 피부암, 백혈병 등을 유발할 수 있어 식약처에서 기준치를 정해 관리하고 있다.

그럼, 기준치 이하로만 섭취한다면 괜찮은 걸까? 여기서 알아야 할 것은 기준치가 농도라는 점이다. 1.98 ㎍/㎏의 기준치 이하의 A식용유를 먹더라도 많은 양을 섭취하면 그만큼 비례해 벤조피렌을 섭취하게 된다. 반대로 2.05 ㎍/㎏의 기준치 이상의 B식용유를 먹더라도 적은 양을 섭취한다면 실제 우리 몸에 유입되는 벤조피렌의 양은 매우 적다.

벤조피렌(benzopyrene) 화학구조

식용유에는 왜 벤조피렌이 들어있는 걸까? 식용유는 크게 정제유와 압착유로 나뉜다. 별도 기재가 없는 식용유는 정제유인데, 화학 처리를 통해 기름을 뽑아내는 방식이다. 대표적인 추출용매로 노말헥산 n-hexane을 많이 사용한다. 그리고 산성 물질과 염기성 물질을 차례로 투여해 마지막에 탈취 과정을 위한 고온처리를 진행한다. 이때 추출용매인 노말헥산이 잔류하게 되면 불쾌한 향과 독성이 나타나기 때문에 반드시 제거해야만 한다. 문제는 이 열처리 과정에서 화학반응을 통해 벤조피렌이 생성된다는 점이다. 회사마다 열처리하는 온도와 시간이 달라서 벤조피렌의 양도 각기 다르게 생성된다는 점도 불안 요소다.

식용유는 그 자체로 먹기보다 튀김이나 구이 요리를 할 때 미리 프라이팬에 둘러서 사용해서 대부분 고온에 노출된 채로 섭취하게 된다.

당신의 수명을 갉아 먹는 일상 속 위험

고온에서 장시간 노출되면 식용유에 잔류하고 있던 노말헥산이 휘발하게 되고 폐를 통해 흡입돼 전신에 널리 퍼진다. 문제는 임산부의 경우, 태아에게까지 전달될 수도 있다는 사실이다. 한 실험에서 임신한 실험 쥐의 혈액을 타고 태아 조직까지 전달된 것을 확인한 연구 결과가 있다. 게다가 많은 양을 흡입했을 때는 운동 다발성 신경병증이 발생했다는 연구 결과도 있어 더욱 조심할 필요가 있다.

앞으로는 이런 문제가 발생하지 않도록 식용유 제조업체에서 필수로 총리령에 따라 자가품질검사를 실시할 필요가 있다. 만약 계속해서 다양한 불순물과 화학물질이 잔류한 식용유로 요리한다면 증기 형태로도 독성을 흡입할 우려가 있으므로, 벤조피렌과 산화방지제 외에 자가품질검사 항목을 확대해야 한다. 또한, 식약처에서 정기 검사 품목을 확대할 필요도 있다.

**올바른 생활 습관 TIP**

정제유에 벤조피렌이 생기는 것은 피할 수 없으니, 식약처의 기준에 따라 소비하고 섭취 빈도를 조절하는 것이 중요하다. 사람마다 식용유 섭취량이 다르고 식용유마다 벤조피렌의 함량이 다르므로 평소 기름진 음식 섭취는 자제하는 게 좋다.

# 권연초 VS
# 액상형 전자담배

2022년 7월 질병청에서 액상형 전자담배에 관한 연구 결과를 발표했다. 권연초에 비해 12배나 많은 초미세먼지를 배출한다는 내용이었다. 실험은 담배 연기와 에어로졸*이 이동하는 걸 카메라로 촬영해 공기 중 미세먼지, 초미세먼지, 블랙카본 등을 측정하는 것이었다. 결과는 권연초는 초미세먼지 농도가 1개비당 약 1만 4천 µg이었고, 액상형 전자담배는 약 17만 2천 µg로 나왔다. 무려 12배 차이를 보였다. 초미세

---

* 에어로졸: (화학) 기체, 보통 공기 중에 미세한 입자가 혼합된 것.

먼지가 퍼지는 정도마저 액상형 전자담배가 더 멀리 확산된 것으로 확인되었다. 게다가 액상형 전자담배에서는 블랙카본 농도가 한 개비당 98.8 μg로 측정되기까지 해 많은 이들을 놀라게 했다. 그동안 액상형 전자담배는 유해 배출량이 적다는 인식이 강했기 때문에, 해당 연구 결과는 충격일 수밖에 없었다. 그동안 전자담배 업계에서 주장하던 것들과 정확히 정면에 대치되는 내용이라 업계의 반발도 거셌다. 질병청은 해당 연구 결과를 토대로 전자담배 역시 유해 물질을 배출하므로 간접흡연에 영향을 준다고 밝혔다. 그리고 전자담배의 실내 사용 자재, 흡연자 간의 거리 최소 3미터 유지 등을 권고했다.

초미세먼지를 측정할 때 측정 장비의 원리가 매우 중요한데, 이 연구에 활용된 Grimm 11-D 장비(독일 듀렉사)는 광산란* 방식이었다. 이 기계로 정확한 데이터를 얻으려면 공기 중에 수분을 미세먼지로 인식하지 않도록 수분을 모두 제거해야만 한다. 그렇지 않으면 한증막에서 측정해도 수증기를 초미세먼지로 측정할 수 있어 신뢰성 문제가 있을 수 있다. 액상형 전자담배의 증기는 니코틴, 향료, 정제수 등이 들어 있어 매우 수분함량이 높다. 그런데 안타깝게도 해당 장비는 별도 수분 제거 기능이 없었다. 수분이 미세먼지로 측정되었을 가능성이 매우 높은 것이다. 이를 뒷받침하는 근거로 액상형 전자담배의 블랙카본 발생량은 권연초에 5분의 1밖에 되지 않았다. 만약 질병청에서 수분 전처리

---

* 광산란 방식: LED 등과 같은 광원을 이용하며, 광선이 미세먼지에 의해 산란됨. 미세먼지 양과 크기에 따라 빛의 산란하는 정도가 달라짐.

과정을 거쳤다면 초미세먼지 농도 결과는 달랐을 것이다.

블랙카본 측정은 탄소질 입자의 빛을 흡수하는 원리를 이용한 장비를 활용한다. 그래서 만약 담배 내 유기화합물이 장비 안에 들어가도 블랙카본 수치로 측정될 수 있다. 만약 액상형 전자담배도 유기화합물이 존재한다면 증기와 함께 날아가 장비 안에 들어갔다면 블랙카본 수치에 영향을 주게 된다. 따라서 이번 블랙카본 수치가 한 개비당 98.8 $\mu$g로 측정된 것도 추가 보완 실험이 필요하다.

결론은 총 미세먼지 발생량과 블랙카본 발생량이 권연초보다 액상형 전자담배가 적다는 것이다. 다만 두 물질의 발생량이 적다고 해서 흡연자와 간접 흡연자에 대한 위해성이 사라지는 것은 절대 아니다. 액상형 전자담배에 함유된 유해화학물질이 그대로 존재한다는 사실도 기억해야 한다. 가장 바람직한 것은 금연이며, 금연이 어렵다면 금연 클리닉 전문가의 지도를 통해서라도 사용 중단을 목표로 해야 한다는 것을 꼭 깨닫길 바란다.

# 양식장 근로자가
# 백혈병에 걸린 이유

포르말린을 물과 희석하면 실제 사용량은 적기 때문에 출하 기간만 잘 지키면 안전해서 합법적으로 허가되고 있다. 이는 우리나라뿐만 아니라 미국이나 캐나다 등의 양식장에서도 사용되고 있는 방식이다. 문제는 적은 양이라도 포르말린이 발암물질로 분류된다는 사실이다.

노출 수준은 낮아도 단기적으로 고농도의 포름알데히드에 노출되면 백혈병에 걸릴 수 있다. 그리고 실제 한 외국인 노동자가 백혈병에 걸리게 되었고, 오랜 기다림 끝에 산재를 인정받을 수 있었다. 전남의 한 장어 양식장에서 근로 중이던 외국인 노동자로 2023년 5월 정부 산업재해 인정을 받아 기사[21]가 났었다.

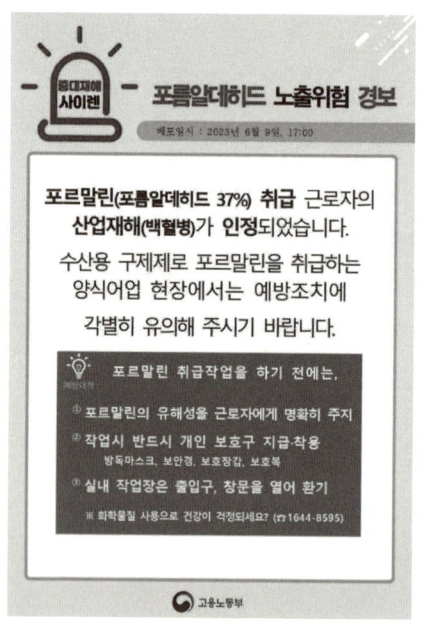

**2023년 6월 9일,
고용노동부의 중대재해 사이렌**

포름알데히드는 상온에서 기체 상태인데, 이를 물에 녹인 수용액 상태가 바로 formalin (포르말린)이다. 그래서 포르말린이 시간이 지남에 따라 기화하면 포름알데히드가 빠져나올 수 있다. 그렇게 되면 작업자는 가까이서 고농도의 포름알데히드에 지속적으로 노출되고 흡입하게 된다. 발암 가능성이 높아지는 것이다. 문제는 이를 막을 방법이 따로 없다는 점이다. 한국이 자랑하는 KF94마스크로도 작은 분자의 포름알데히드는 걸러낼 수 없다.

결국, 이 사건을 기점으로 고용 노동부는 2023년 6월 9일 공식적으로 '중대재해 사이렌' 공지를 발표했다. 포르말린을 취급하는 양식어업 현장에서는 예방조치에 각별히 유의해 줄 것을 고지한 것이다.

포름알데히드는 국제암연구소 기준 1군 발암물질로 극히 낮은 농도에서도 눈과 피부 등에 자극을 일으키고, 두통도 일으킨다. 게다가 흡입/경구/경피 흡수에서 급성 독성을 나타낼 정도로 독성이 강하고 간독성과 유전독성도 있다. 농도가 심할 경우, 폐수종*을 유발하고, 심하면

당신의 수명을 갉아 먹는 일상 속 위험

사망에 이르게 하는 매우 위험한 물질이다. 포르말린을 만들 때는 포름 알데히드가 물에 녹았을 때 중합을 막기 위해서(한마디로 자체 반응을 막기 위해서) 메탄올을 10% 정도 첨가한다. 메탄올이 들어가면 안정 된 상태로 존재할 수 있기 때문이다. 그러므로 포르말린에 노출된다는 것은 포름알데히드 외에 메탄올에도 노출된다는 것을 의미한다. 메탄 올은 7 ml만 마셔도 금세 실명에 이를 정도로 독성이 매우 강한 독극 물로 분류되어 있다.

우리나라는 이런 포르말린 사용을 허락하고 있는 나라다. 다만 모 든 어종과 모든 상황에 쓸 수 있는 것은 아니다. 해양수산부는 이 수 산용 포르말린을 넙치와 어란(무지개송어, 연어)에만 허락하고 있으며, 나머지 어종에 대해서는 수산질병관리사의 처방을 받아야만 사용할 수 있게 하고 있다. 무엇보다 해상가두리 양식장의 사용은 절대 금하 고 있다. 그런데 한국동물약품협회 자료에 따르면 수산용 포르말린이 2020년 1,359톤, 2021년 1,435톤, 2022년에는 1,201톤이 시중에 팔 려나갔다. 넙치에 투여할 수 있는 수산용 포르말린의 함량이 물 1톤당 100~200 ml이고, 어란에 투여할 수 있는 양은 물 1톤당 1,000~2,000 ml인 점을 고려한다고 하더라도 매년 포르말린이 1,000톤 이상씩 팔 려나간다는 건 이해할 수 없는 수치다. 즉 허용되지 않은 곳에서 사용 되고 있을 확률이 높다.

이런 일이 가능한 이유에 대해서는 KBS 뉴스 기사[22]에 나온 익명

---

* 폐수종: 폐 속에 액체가 고여 숨쉬기 어려워지고, 거품 섞인 가래가 나오는 상태.

제보자의 말을 들으면 알 수 있다. 해상가두리 양식장에서 절대로 수산용 포르말린을 사용하면 안 됨에도 불구하고, 실제 사용하는 사례가 있다고 한다. 그럼, 왜 사용하는 것일까? 포르말린이 기생충과 곰팡이 제거에 너무 효과적이어서 그물 갈이 시기를 획기적으로 늦출 수 있기 때문이다. 통상 한 달에 한 번씩 그물을 갈아줘야 하지만, 포르말린을 사용하면 시기를 늦출 수 있다. 결국 양식장은 포르말린을 사용하고자 하는 유혹에 빠지기 쉽다. 문제는 수산용 포르말린이 해상 가두리 양식장에서 사용되면 어류에서 포름알데히드와 메탄올 성분이 잔류해 고스란히 소비자에게 피해로 돌아올 수 있다는 사실이다. 이는 더 나아가면 일부 업자로 인해 선량한 양식업자까지 피해를 볼 수 있다는 말과 같다. 따라서 선량한 양식업자와 소비자의 안전을 보장받기 위해서는 정부가 적극적으로 관리 감독해야 한다. 대표적인 예시로 수산용 포르말린을 추적 검사하는 방법이 있다. 단순히 팔리는 양만 체크할 게 아니라, 실제로 어느 양식장으로 팔려나가는지 등을 추적한다면, 포르말린의 오남용을 막을 수 있을 것이다.

당신의 수명을 갉아 먹는 일상 속 위험

# 생수가 된
# 1군 발암물질

요즘은 깨끗한 물을 마시기 위해 생수를 구매하는 사람이 많다. 평범한 하루 속에서 급하게 물을 마시고 싶을 때, 생수를 사는 일은 이제 흔한 일이다. 그러다 보니 무심코 생수병을 차에 두고 내리거나, 강렬한 햇볕 아래에 방치됐던 생수를 구매하는 일도 종종 있다. 2022년 감사원의 보고서에 따르면 이런 행동이 암 유발 물질을 마시는 것과 다름없다고 한다.

서울 시내 소매점을 대상으로 한 감사원의 조사에서 생수 유통의 실태는 실로 우려스러웠다. 조사 대상의 약 37%가 생수병을 직사광선에 그대로 노출된 상태로 보관하고 있었다. 생수병으로 널리 사용되는

PET$^{Polyethylene\ Terephthalate}$는 EG(에틸렌글라이콜)와 TPA(테레프탈산)를 고온에서 반응시켜 만드는 합성 고분자다. 그런데 여기에 제조 공정에서 잔류한 EG나 성형 가공 과정에서의 분해로 인해, 일정량의 알데히드류가 생성될 수 있다. 문제는 이런 생수병을 보름에서 한 달 정도 고온과 자외선에 반복적으로 노출하면, 발암물질인 아세트알데히드$^{Acetaldehyde}$와 포름알데히드$^{Formaldehyde}$가 검출될 수 있단 점이다. 이에 감사원은 환경부에 즉각적인 대책 마련을 요구했고, 2025년 4월 환경부는 '생수병 유통 시 냉암소 보관', '야외 보관 시 차광포 사용 권장' 등의 지침을 발표했다.

우리는 그동안 페트병에서 미세 플라스틱의 용출만 우려해 왔었다. 하지만 이제는 그보다 더 즉각적인 독성물질인 포름알데히드와 아세트알데히드까지 함께 주의해야 할 때다. 특히 어린이, 임산부, 간이 약한 고령자에겐 미량의 독성도 누적되면 건강에 해를 줄 수 있어 주의가 필요하다. 이제는 소비자의 인식과 관리 기준 모두가 달라져야 할 때이다.

---

**올바른 생활 습관** **TIP**

안전한 생수를 마시고 싶다면 차량 트렁크, 도심 간이매점, 노상 진열대 등에 놓인 생수는 마시지 말아야 한다. 이런 생수는 50 ℃ 이상의 고온에 쉽게 도달할 위험이 있어 발암물질이 생성될 수 있기 때문에 피하는 것이 좋다. 안전한 생수를 마시려면 앞으로는 생수병은 직사광선에 노출하지 말고, 여름철 차 안 보관이나 야외 보관은 금하는 것이 좋다. 가능한 한 서늘하고 어두운 곳에 보관했다가 마시는 습관을 길러야 한다.

당신의 수명을 갉아 먹는 일상 속 위험

# 통조림에 들어간
# 환경호르몬

통조림은 편리하지만 건강한 식품인지에 대해서는 논란이 많다. 가장 논란이 되는 화학물질을 꼽으면 바로 퓨란furan이라고 할 수 있다. 퓨란은 유기합성이나 농약, 살충제, 의약품 등을 제조할 때 사용하는 화학물질로 화학 종사자에게는 매우 친근한 물질이다. 그러나 친근한 것과는 별개로 접촉했을 때 눈을 자극하고 피부 알레르기를 유발할 수 있어 주의가 필요한 물질이기도 하다. 만약 증기로 흡입했다면 호흡기관을 자극하고, 높은 농도일수록 폐부종 위험성을 높일 수 있어 주의해야 한다. 게다가 동물의 경우 암을 유발할 수 있고, 신장에 손상을 일으킬 수 있는 매우 유해한 물질이다.

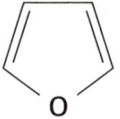

**퓨란(Furan) 화학구조**

"아니, 이렇게 위험한 화학성분이 통조림 캔 안에 있어도 될까?"

이 물질이 생소한 독자라면 퓨란의 존재만으로도 매우 놀랄 것으로 생각된다. 통조림 캔 안에는 퓨란은 일부러 누가 집어넣은 것일까? 아니다. 퓨란은 조리하는 과정에서 자연스레 발생하는 화학물질일 뿐이다. 통조림 캔 안에 들어 있는 음식을 보면 대부분 단백질이다. 그리고 탄수화물의 일종인 녹말도 많은 것을 볼 수 있다. 단백질은 아미노산이 결합된 물질이고, 쌀과 밀가루에 많은 녹말은 당이 연결된 물질이다. 이런 단백질이나 녹말이 높은 온도에 노출되면 고분자 연결이 끊어지면서 아미노산과 당이 떨어져 나온다. 이때 화학반응이 일어나면서 생기는 물질이 바로 퓨란이다. 한마디로 요약하면 음식 대부분에 퓨란이 들어 있다. 퓨란은 휘발성이 강해 일상적으로 요리를 하는 급식 종사자에게는 큰 문제가 될 수 있지만, 일반적으로는 크게 문제 되지 않는다.

우리가 집중해야 할 건 통조림 캔의 내부 코팅제다. 통조림 캔은 금속을 기반으로 만들기 때문에 부식되지 않도록 에폭시 수지epoxy resin를 이용해 코팅한다. 에폭시 수지는 한 가지 종류만 지칭하는 게 아니

당신의 수명을 갉아 먹는 일상 속 위험

라, 통칭하는 개념이라 실제로는 종류가 매우 많다. 문제는 그중에서도 BPA를 원료로 제조하는 경우가 많다는 사실이다. 기름진 음식, 산성도 높은 음식, 높은 열 등에 BPA가 반응해 서서히 용출되면, 마치 호르몬처럼 작용하기 때문에 환경호르몬이라는 별명이 있는 악명 높은 화학물질이다. 이미 여러 연구에서 고혈압, 당뇨병, 심장질환, 비만, 간 기능이상 등이 보고되어 유해화학물질로 분류되고 있다. 물론, 유해 물질로 정부에서 BPA 용출 기준을 마련하고 관리하고는 있다. 한마디로 BPA의 용출을 막을 수는 없지만, 그 용출량은 관리한다는 뜻이다.

나름 세계적인 기준으로 관리하고 있으나 문제는 최근 연구 결과다. 미국 터프트 대학의 애나소토 교수 연구팀에 따르면 일반적인 기준보다 매우 낮은 농도로 BPA를 동물에 투여해도 내분비계 교란이 일어난다는 사실이 밝혀졌다. 그동안 BPA에 낮은 농도로 노출되는 건 괜찮다는 인식이 있었는데, 해외 연구 결과는 낮은 농도도 노출되면 안 된다는 메시지를 던지고 있다.

그럼, 통조림을 끓여 먹는다면 괜찮지 않을까? 그렇지 않다. BPA는 끓인다고 100% 사라지는 화학물질이 아니라는 점을 명확히 인지해야 한다. 그렇다면 BPA free 제품이라고 강조하는 통조림 캔은 괜찮을까? 그런 제품들은 BPA 대신에 BPS를 사용했을 가능성이 높다. BPS는 BPA에 비해 연구 결과가 적은데, 일부 연구에서 비교적 낮은 농도에서도 동물 생리에 영향을 끼치는 결과가 발표되었다. 프랑스 ANSES(식품환경노동위생안전청)에서도 BPS가 과학적 근거가 부족하므로, BPA의 대체물질로 보는 것은 적합하지 않다고 밝혔다는 점을 알아야 한다.

# 폐암에 걸리는
# 가장 흔한 이유

2023년 1월에 미국에서 충격적인 소식이 전해졌다. 미국 소비자제품안전위원회에서 가스레인지 사용 금지 또는 제조와 수입 금지 방안을 검토하고 있다는 소식이었다. 사실상 미국에서 아예 가스레인지를 퇴출하겠다는 뜻이어서 전 세계적으로 파장이 컸다. 물론 지금까지 여러 가지 이유로 가스레인지 퇴출은 확정되지 않았지만, 도대체 왜 정부 공식 기구에서 이런 정책을 추진하려고 했던 것일까? 미국 가정의 약 35%는 가스레인지를 사용하고 있다. 문제는 가스레인지 작동 시 이산화질소, 일산화탄소, 미세먼지 등이 발생한다는 사실이다. 이 물질들은 호흡기, 심혈관, 암 등에 영향을 줄 수 있다. 그래서 미국화학협회에서는 각종 실험 결과를 토대로 전기레인지 구매를 촉구하는 성명을 발표하기도 했다.

그렇다면 우리나라는 어떨까? 우리나라는 가스레인지 사용 비율이 90% 이상으로 알려져 있다. 우리나라 여성 폐암 환자의 87.5%가 비흡연자로 알려져 있는데, 그 주된 이유로 주방 문화를 꼽는 경우가 많다. (남성의 경우, 폐암 환자의 약 70%가 흡연자다) 그리고 그 주방 문화의 핵심이 바로 가스레인지다. 가스레인지의 원료는 도시가스인데, 이 가스의 주성분은 메탄methane으로 연소하며 불을 만들어낸다. 연소할 때 주변에 산소가 충분하면 $CO_2$(이산화탄소)와 $H_2O$(물)이 발생해도 문제가 안 된다. 하지만 주변에 산소가 충분하지 않다면 CO(일산화탄소)와 물이 발생할 수 있어 위험하다.

일산화탄소는 공기 중 농도가 0.5%에 불과해도 10분 이내에 사망에 이를 수 있는 치명적인 기체다. 우리가 숨을 마실 때 산소가 들어와 헤모글로빈에 붙어서 운반되는데, 일산화탄소를 마시면 산소가 아닌 일산화탄소가 헤모글로빈에 붙어 산소 공급을 막는다. 심지어 메탄이 연소하면서 주변 산소가 매우 빠르게 소모되기 때문에 순식간에 주변 산소가 부족해지는 상황이 발생하게 된다. 그렇게 되면 짧은 시간 안에 사람이 사망할 수 있다. 이 말은 곧 당신이 지금까지 가스레인지를 사용했음에도 살아있는 것은 공기 중에 일산화탄소가 0.5%까지 올라가지 않았기 때문이지, 일산화탄소의 위험성이 없었던 것은 아니라는 사실을 반증한다. 조금이라도 일산화탄소를 들이마셨다면, 들이마신 만큼 피해를 보았다고 할 수 있다.

게다가 가스불 온도는 약 800~1,300 ℃ 사이의 매우 높은 온도

당신의 수명을 갉아 먹는 일상 속 위험

다 보니. 공기 중의 N2(질소)와 O2(산소)에도 영향을 주어, 결과적으로 NO2(이산화질소)를 발생시킨다. 이산화질소는 흡입 시 호흡기 계통에 영향을 주는 매우 위험한 기체다. 무색무취로 감지조차 어려워 '조용한 살인자'라는 별명도 있다. 이런 위험성 때문에 정부에서 대기질 관리할 때 항상 체크하는 기체이기도 하다. 한마디로 가스레인지를 사용한다는 것은 이렇게 유해한 일산화탄소와 이산화질소를 흡입할 가능성이 높다는 뜻이다. 게다가 가스레인지에 사용되는 가스의 불순물 정도에 따라서는 미세먼지도 많이 발생할 수 있다. 따라서 집에서 가스레인지를 사용하는 가정이라면, 요리할 때마다 후드 켜고 창문을 모두 열어서 환기가 잘되는 환경에서 요리하는 습관을 들여야 할 필요가 있다.

반면 전기레인지는 크게 두 가지 타입이 있는데, 하이라이트와 인덕션이다. 하이라이트는 전기로 상판을 직접 가열하는 방식이고, 인덕션은 상판 위의 용기만 가열하는 방식이다. 하이라이트의 경우 회사마다 조금씩 다르지만, 상판이 최대 700 ℃까지 올라간다. 이 위에 프라이팬을 올려놓으면 프라이팬 표면 온도의 경우 200~300 ℃다. (프라이팬의 소재와 코팅 정도에 따라 조금씩 차이가 있다) 인덕션의 경우, 용기 자체가 100 ℃까지는 매우 쉽게 올라가며, 시간이 지나면 300 ℃까지도 올라갈 수 있다. 여기에 각종 식용유나 고기 등을 올려놓고 구우면 어떻게 될까? 어떤 식용유를 두르고 팬을 달구는지에 따라 발연점*이 다르게 나타난다. 올리브유는 200 ℃ 이하이고, 해바라기씨유는 250 ℃, 카놀라유 240 ℃, 아보카도유 270 ℃이다. 프라이팬의 최대 표면 온도가 300 ℃기 때문에 발연점까지는 아무런 문제가 없다고 생각할 수 있다. 그러나 발연점이 매우 높은 아보카도유조차도 200 ℃ 전후에서도 분해되는 성분이 존재한다는 사실을 기억해야 한다. 발연점은 분해가 본격적으로 진행되는 온도라고 볼 수 있다. 즉 200 ℃에서도 유해한 화학물질이 증기 형태로 발생할 수 있음을 의미한다. 이런 것들을 미세먼지 혹은 초미세먼지라고 한다. 그리고 만약 호흡을 통해 들이켜게 되면, 기관지에서 걸러지지 못하고 폐로 직행해 폐 건강을 위협할 수 있다. 이런 이유로 미국가스레인지협회에서는 전기레인지 역시 위험성을 갖고 있다고 주장했다.

기본적으로 가스레인지는 작동시키는 것만으로도 각종 유해화학물질(일산화탄소, 이산화질소 등)이 발생하지만, 전기레인지 역시 작동온도를 높이면 유해화학물질이 발생한다. 따라서 전기레인지 역시 후드와 환기는 필수다. 그리고 무엇보다 낮은 온도로 요리하는 음식을 생활화하는 것이 좋다. 가스레인지와 전기레인지의 특성을 이해하고, 사용방법만 잘 지킨다면 크게 걱정할 필요가 없다.

**이 세상에 절대 안전한 것은 없다. 그저 안전한 사용 방법만 있을 뿐이다.**

**올바른 생활 습관 TIP**

물은 아무리 높은 온도에 노출해도 100 ℃까지 밖에 올라가지 않는다. 그러므로 프라이팬에 올려놓고 굽는 것보다 물에 넣고 끓이거나 삶는 방식이 훨씬 안전하다. 생선은 구이보다 탕으로, 삼겹살도 구이보다 수육으로 먹는 게 좋다.

---

*  발연점: 연기 나기 시작하는 온도.

# 치킨 중독의
# 위험성

전 세계 KFC 매장 수보다 우리나라의 치킨집 숫자가 더 많다는 것을 알고 있는가? 프라이드 치킨은 더 이상 그냥 음식이 아닌 국민 음식으로 자리매김했다. 치느님이라고 불릴 정도로 이제는 치킨에 대한 사랑과 관심이 넘쳐나고 있다. 하지만 사랑받는 것과 별개로 건강에 대해 안 좋은 소문이 따라붙는다는 사실을 모르는 사람은 없을 것이다.

프라이드 치킨의 튀김 옷을 이루는 소맥분 안에는 포도당이 존재한다. 그리고 닭고기에는 아스파라긴asparagines이라는 아미노산amino acid이 들어있다. 이 중 아스파라긴은 환원당인 포도당과 120 ℃ 이상의 고온에서 반응하게 되는데, 이때 화학반응을 통해 아크릴아마이드

acrylamide가 만들어진다. 아크릴아마이드는 세계보건기의 국제암연구소에서 발암물질 분류에서 그룹 2A로 지정하고 있는 대표적인 유해화학물질이다. 사람의 암 유발 여부는 명확하지 않지만, 동물에게서 발암성이 확인된 발암물질이란 뜻이다. 게다가 뉴런neuron(신호를 전달하는 신경세포의 기본단위)에도 이상을 일으킬 수 있다고 알려져 있다.

그러나 튀김 음식을 아크릴아마이드 측면에서만 바라보는 건 옳지 않다. 흔히 즐겨 마시는 커피 하나만 봐도 그 안에 화학성분이 1,000개는 넘는다. 소맥분과 닭고기도 마찬가지로 다양한 화학성분이 있다. 미네랄, 비타민, 포화지방산, 불포화지방산 등등 다양한 성분이 고온에 노출되면 예측조차 힘든 수준의 복잡한 화학반응이 일어난다. 아크릴아마이드는 그 결과 중 하나일 뿐임을 기억해야 한다. 이 외에도 다양한 유해화학물질이 얼마든지 만들어질 수 있다. 그 예 중 하나가 퓨란이다. 퓨란은 동물실험에서 간 독성과 발암성(국제암연구소 기준 그룹 2B)을 보인 유해화학물질이다. 그리고 기름에 치킨을 튀길 때 만들어지는 과산화지질peroxidized lipids도 있단 것을 생각해야 한다. 이것은 우리 몸의 세포 손상을 일으킬 수 있고, 자유 라디칼radicals을 생성시켜서 DNA 손상 및 세포 노화를 유발할 수 있는 매우 위험한 화학물질이다. 그 밖에도 튀기는 과정에서 벤조피렌(발암물질)과 같은 다환 방향족 PAHs(탄화수소)도 생성될 수 있다. 이처럼 프라이드 치킨에는 많은 유해화학물질이 존재한다. 특히 튀기는 과정에서 유해화학물질이 많이 생성된다. 건강 프로그램에서 의사들이 안 좋은 식습관으로 튀긴 음식을 예로 드는 것을 보았을 것이다. 이는 단순히 칼로리가 높기 때문이 아니고, 조리 과정에서 형성되는 유해물질이 건강에 미치는 영향을 무시할 수 없기 때문이다.

**2장**

# 상처 없이 병드는 원인

# 파마약 괴담의
# 진실

최근 SNS에 파마하면 유방암이나 자궁암에 걸린다는 소문이 떠돌고 있다. 소문의 근원을 따라가 보면 2019년으로 거슬러 올라간다. *International Journal of Cancer* 저널이라는 세계적인 학술지에서 밝힌 연구 결과에 따르면 정기적으로 염색약을 사용한 여성이 그렇지 않은 여성보다 유방암 위험이 9% 더 높게 나왔다. 그리고 스트레이트 파마약을 5~8주 간격으로 사용한 여성은 그렇지 않은 여성보다 유방암 위험이 약 30% 더 높게 나왔다. 연구 결과는 전 세계에 빠르게 퍼졌고, 이후 해당 연구의 신뢰성이 낮다는 이유로 반박하는 연구가 진행되기도 했었다. 가족력이 있는 대상자만을 데리고 연구하면 유방암 가

당신의 수명을 갉아 먹는 일상 속 위험

능성이 높다는 게 그 이유였다. 그리고 무작위로 대상자를 뽑아서 분석한 결과, 해당 약품과의 연관성은 없는 것으로 밝혀졌다.

그렇게 시간이 흐르고 2022년 10월 NIH(미국국립보건원)<sup>National Institute of Health</sup>*에서 충격적인 연구 결과를 발표한다. 35세~74세 미국 여성 33,497명을 약 11년 동안 추적 관찰했더니, 헤어 스트레이트를 자주 사용한 여성(연간 4회 이상)이 그렇지 않은 여성에 비해 자궁암에 걸릴 확률이 2배 이상 높다는 내용이었다. 유방암 이슈가 제대로 걷히기도 전에 자궁암 관련 이슈가 터지니 시민들은 불안할 수밖에 없었다. 해당 연구진은 원인으로 헤어 스트레이트 파마약에 포함된 화학성분을 지적했다. 파라벤<sup>paraben</sup>, 비스페놀A<sup>bisphenol-A</sup>, 포름알데히드<sup>formaldehyde</sup> 등이 피부 속으로 흡수돼서 자궁암 발병률을 높인 것으로 추정했다. 특히 헤어 스트레이트 파마약은 두피에 닿아 흡수되는 정도가 더 크기 때문에 다른 화학물질에 비해 위험성이 더 크다고 강조했다. 그러나 단순히 헤어 스트레이트 파마약의 사용 여부만 확인했기 때문에 파마약 내 수많은 화학성분 중 어떤 성분이 문제인지는 정확히 밝혀내지 못했다. 덧붙여 연구진은 암 위험을 증가시키는 구체적인 화학물질을 식별하기 위해 더 많은 연구가 필요하다고 강조했다.

대체 어떤 화학성분이 들어 있길래, 암을 초래한다는 걸까? 파마약은 1제와 2제로 나뉘어 있다. 1제는 모발 내 화학 결합을 끊어내고, 2제는 끊었던 결합을 다시 연결한다. 그래서 1제 사용 후 모양을 바꾸

---

* NIH: 미국 보건복지부(DHHS) 산하의 국립 보건 연구 기관.

고, 2제로 모양을 유지시킨다. 그리고 각각에는 20~40여 개의 화학성분이 섞여 있다. 회사 제품마다 차이는 있으나 파마약 성분 중에서 자주 눈에 띄는 화학성분은 2-아미노에탄올 2-Aminoethyl이다. 이 성분은 암모니아 향과 유사한 불쾌한 향이 나는데, 미용실 특유의 향을 내는 데 일조하는 성분이다. 문제는 동물실험 결과 피부 발적, 부종, 눈 손상 등이 나타났다는 점이다. 이에 더해 고농도의 증기로 노출했을 때는 폐, 간, 신장 손상을 유발한다는 게 밝혀졌다. 낮은 농도의 증기 형태로도 90일 동안 노출되면 활동성이 떨어지고 식욕이 떨어지는 현상도 관찰되었다. 헤어 스트레이트나 파마를 한다는 건 결국, 이토록 독성이 강한 2-아미노에탄올 성분을 증기 형태로 흡입할 가능성이 높다는 것을 의미한다.

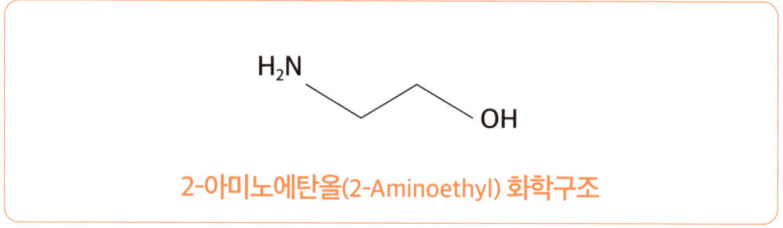

**2-아미노에탄올(2-Aminoethyl) 화학구조**

다음으로 자주 쓰이는 성분은 알킬 C12-15 벤조산염 Alkyl C12-15 benzoate이다. 동물을 대상으로 한 연구에서 경구, 흡입, 경피 노출 시 급성 독성이 나타난다는 사실이 밝혀졌다. 그리고 실험 쥐에 대해서는 생식 발생 독성 및 변이원성과 같은 독성을 보였다.

알킬 C12-15 벤조산염(Alkyl C12-15 benzoate) 화학구조

마지막으로 자주 쓰이는 성분은 2-프로판올 2-propanol이다. 이소프로판올, 아이소프로판올, 아이소프로필 알코올 등으로도 불린다. 이 물질은 파마약에서 주로 용매로 사용된다. 쉽게 말하자면 여러 가지 다른 화학성분을 녹여 균일한 용액으로 만들어주는 역할을 한다. 문제는 중추신경 저하와 뇌 손상을 불러일으킬 수 있다는 사실이다. 거기에 간, 신장, 심장 등의 기능 저하를 유발할 수 있으며, 성인이 240 ml를 마실 경우에는 사망에 이를 수 있는 강한 독성을 가지고 있어 주의가 필요하다.

2-프로판올(2-propanol) 화학구조

일부 성분만 소개했지만, 헤어 스트레이트와 파마를 한다는 건 저런 화학성분 집합에 노출되는 것과 같다. 그러면 이제부터 파마를 하면 안 되는 것일까? 그렇진 않다. 자궁암 관련 연구 결과도 직접적인 실험

결과가 아니라 사람을 추적 조사해서 내린 연구 결과란 것을 기억해야 한다. 스트레이트파마를 자주 하는 여성이라면 상대적으로 외모에 더 신경을 많이 쓰는 사람일 가능성이 높고, 그렇다면 상대적으로 네일아트 횟수나 향수 사용 횟수나 헤어스프레이 사용 횟수 등이 상대적으로 많을 수 있다. 한마디로 단순히 파마약 때문이라고 단정을 짓기는 어렵다. 그러나 앞서 언급한 대로 파마약 내에는 수십 개의 화학성분이 존재한다는 사실을 잊어선 안 된다. 독성을 가진 성분도 꽤 있기 때문에 피부나 호흡기를 통해 문제를 일으킬 수 있다는 사실을 기억하고 주의 사항을 잘 지켜 사용해야 한다.

파마약이 두피에 묻게 되면, 머리카락에서 휘발돼 두피에 흡수되는 양보다 훨씬 더 많은 양이 흡수된다. 따라서 혼자 집에서 파마약을 바르건 미용실에서 바르건 반드시 두피에 닿을 가능성을 최소화하는 게 바람직하다. 그리고 사용할 때는 꼭 환기가 잘되는 환경에서 사용해야 한다. 수많은 유해 화학성분이 증기 형태로 빠져나와도 환기가 잘되는 환경이라면 실제 들이마시는 양은 급격히 적어지기 때문이다. 실제 미용실 공기를 분석해 보면, 환기가 잘 안되는 곳의 VOC(휘발성유기화합물) 농도는 기준치의 최대 20배까지 측정되기도 한다. 이런 휘발성유기화합물은 파마약이나 염색약에서 증기 형태로 빠져나온 성분이거나 각종 헤어스프레이 등에서 나온 것들이라고 볼 수 있다. 훗날 연구 결과에서 '10년 이상 미용실에서 종사한 관계자'와 '간/신장/심장 질환 발병률'의 상관관계가 밝혀져도 전혀 이상할 게 없는 수치다.

당신의 수명을 갉아 먹는 일상 속 위험

만약 미용실 관계자이거나 관계자를 가족으로 둔 분이라면, 반드시 이 내용을 기억하고 미용실 환기에 특히 더 신경 써야 한다는 것을 꼭 명심하길 바란다.

# 2

## 기관지의 적
# 메이크업

최근에 진행된 대규모 연구[23]에 따르면, 화장품 사용과 천식 발병 위험 사이에 연관성이 밝혀졌다. 미국 여성 39,408명을 평균 12.5년간 추적한 결과, 화장품을 많이 사용할수록 천식 발병 위험이 많아졌다는 사실을 최초로 발표했다. 즉, 화장을 자주 할수록 숨쉬기 어려워진다는 뜻이다. 특히 메이크업 제품을 자주 사용할수록 천식 발병 위험이 약 20% 이상 증가하는 결과를 보여주어 충격을 주고 있다. 더 놀라운 점은 폐경 전 여성이 메이크업을 자주 하면 천식 위험이 47%까지 증가했다는 사실이다.

연구에서 선별한 41개의 제품을 분석했을 때, 천식 위험이 특히나 큰 제품은 블러셔, 립스틱, 인조 손톱, 큐티클 크림 등이었다. 샴푸나 린스와 같은 헤어제품은 천식과 뚜렷한 연관성이 나타나지 않았다. 연구진은 이런 차이가 나타난 이유가 화장품과 개인용 위생용품 안에 내분비계 교란물질이 들어 있기 때문이라고 지적했다. 가장 대표적인 내분비계 교란물질은 프탈레이트, 파라벤, 페놀류, 과불화화합물 등으로 알려졌다. 이 화학성분들이 호르몬 기능을 교란하고, 면역반응을 변화시켜 기관지 염증, 과민 반응 등을 일으킬 가능성이 있는 것으로 밝혀졌다.

립스틱과 블러셔는 화장하면 빼놓을 수 없는 제품인데, 이제라도 사용을 멈춰야 하는 걸까? 고민이 될 수 있다. 한 가지 알아야 할 것은 해당 연구가 미국 화장품을 사용한 여성을 대상으로 진행되었다는 점이다. 미국과 한국 화장품 사이에는 성분 규정에 차이가 있다. 예를 들면 한국에서는 프탈레이트나 과불화화합물을 사용한 화장품은 찾을 수 없다. 2010년대에는 사용되었지만, 최근 들어 해당 성분을 제조사들이 사용하지 않기 때문에 한국 제품에서는 발견하기가 거의 불가능 수준에 가깝다. 파라펜과 페놀류는 사용되긴 하지만, 해당 성분이 정말로 천식의 위험성을 높이는지에 대해서는 모호한 부분이 있다. 해당 성분들로 화장품과 개인용 위생용품을 만들긴 하지만, 그 외에도 다양하게 활용되고 있기 때문이다. 즉, 위의 연구 결과를 우리나라에 그대로 대입하기는 어렵다. 그러므로 앞으로 후속 연구를 통해 정확히 어떤 성분에 지속적으로 노출되면 천식이 유발되는지 밝히는 것이 중요하다.

우리는 화장품 사용이 빈번할수록 천식의 위험이 증가한다는 연구 결과를 기억해야 한다. 휘발성 유기화합물(VOC)에 더 많이 노출될수록 천식 유발 가능성이 높다고 추정할 수 있단 사실을 말이다. 그러니 평소 기관지가 좋지 않은 여성이라면 화장품 사용량을 줄이는 것이 건강을 위해 좋은 선택이다. 특히 블러셔, 립스틱, 인조 손톱, 큐티클 크림 등은 사용량 조절을 주의 깊게 신경 쓸 필요가 있다.

# 모기 잡다
## 인간 잡은 격

여름철의 불청객은 누가 뭐라고 해도 모기라는데 이견이 없을 것이다. 모기는 물리는 것도 성가시지만, 잠을 잘 때마다 비행하는 소리도 꽤 거슬리는 곤충이다. 반팔, 반바지로 야외 테라스에 잠깐만 나갔다가 순식간에 모기의 습격을 받은 기억이 누구나 한 번쯤 있을 것이다. 그래서 여름 준비하면 모기 퇴치 제품을 먼저 고르게 된다. 특히나 모기향을 가장 많이 애용하는데, 여기서 모기가 기피하는 향이 나온다. 그럼, 이 향은 인간에겐 안전할까?

가장 기본인 나선형 모기향은 나뭇가루에 살충제, 전분, 색소를 넣어 제조한다. 그리고 이것을 태우면 휘발하면서 인근의 모기를 없애는 원리를 가졌다. 실제로 매우 효과적이기에 아직 많은 곳에서 사용되고 있는 퇴치제다. 하지만 미세먼지가 많이 발생하고 이를 사람이 들이마시는 일이 잦기 때문에 건강한 방법은 아니다.

그래서 나온 게 바로 전자 모기향이다. 전자 모기향은 태우는 게 아니라 전기 열을 이용해 살충제 성분만 휘발시키기 때문에 미세먼지를 걱정할 필요가 없다. 그럼, 여기엔 어떤 살충제 성분이 쓰이는 걸까? 가장 많이 사용되는 화학성분은 바로 알레트린Allethrin이다. 피레스로이드계pyrethroids 살충제로 분류되는데, 이는 농약으로도 널리 사용되고 있어 주의가 필요하다. 장기간 노출 시에는 약간의 간 기능 이상 및 체중 변화를 일으킬 수도 있다. (발암성/유전독성은 없다) 물론, 알레트린은 허용된 살충제 성분이다. 다만 과량 노출됐을 때 위와 같은 독성이 나타난다는 점을 꼭 기억해야 한다.

**알레트린(Allethrin) 화학구조**

그럼 마냥 안심하고 써도 되는 것일까? 영국의 연구 결과에 따르면 살충제 성분에 많이 노출된 사람일수록 치매에 걸릴 가능성이 높아진다고 한다. 게다가 우리나라의 경우, 65세 이상 고령자가 많은 농촌에

당신의 수명을 갉아 먹는 일상 속 위험

서 퇴행성 신경계 질환자가 늘고 있다는 조사 결과도 있다. 더 많은 후속 연구가 필요하겠지만, 상대적으로 살충제 성분에 더 많이 노출됐을 가능성이 높은 농촌지역에서 퇴행성 신경계 질환자가 늘고 있다는 것은 분명 우리에게 시사하는 바가 크다. 결론적으로 어떤 타입의 모기 퇴치제든 간에 살충제 성분에 자주 노출되면 안 되는 것은 분명하다.

**올바른 생활 습관 TIP**

가장 좋은 방법은 취침 전 빈방 안에 전자 모기향을 피워 놓고, 모기를 다 제거한 뒤에 환기해 살충제 성분을 배출하는 것이다. 살충제 성분 자체를 흡입할 가능성을 최소화해야 한다는 점을 기억하자.

# 예쁜 고체연료의
# 위험한 진실

메탄올methanol의 이름은 사실 우리에게 아직 낯설다. 비슷한 에탄올ethanol은 술의 주성분이라고 알고 있지만, 메탄올에 대해선 잘 아는 사람이 없다. 어디에 쓰이는 걸까? 2017년까지 자동차 안을 채우던 워셔액이 바로 메탄올이다. 우리나라는 2018년부터는 사용이 금지되었지만, 유럽 등은 이전부터 메탄올 워셔액이 금지됐었다. 이는 메탄올을 증기 형태로 흡입하게 되면 중추신경계에 영향을 줄 수 있기 때문이다. 자동차가 시속 40 km/h 이상으로 달리면 외부에서 공기가 일부 흡입되는데(공기 내부 순환 모드를 설정해도 마찬가지다), 이때 워셔액이 분사되면 공기와 함께 자동차 내부로 유입될 수 있다. 문제는 메탄올은 7~8

ml만 마셔도 실명하게 만드는 치명적인 독성물질로, 증기를 계속 흡입하면 심한 두통, 호흡곤란, 중추신경 마비, 시신경 손상 등으로 이어질 수 있다는 점이다. 이런 이유로 메탄올 사용은 현재 금지되고 있다.

그러나 여전히 사용되고 있는 물품이 있다. 바로, 고체연료다. 고체연료는 지금도 식당이나 야외 캠핑 등에 사용된다. 지속적으로 열을 가하기 위해서, 운치를 더하기 위해서 다양한 장소에 쓰이고 있다. 이렇듯 유용한 고체연료의 성분표는 본 적이 없을 것이다. 구매 후 뒷면의 성분표를 보면 대부분 메탄올로 기재되어 있다. 이유는 메탄올이 에탄올보다 평균 3분의 1 정도로 저렴하기 때문이다. 고체연료 제조업자는 포기하기 쉽지 않은 가격이다. 에탄올 고체연료와 똑같은 가격에 메탄올 고체연료를 팔면 훨씬 이윤을 남길 수 있기 때문이다.

"고체연료는 타버리는데, 문제가 안 되지 않나?"

이렇게 반문하며, 위험하지 않다고 주장하는 사람도 있긴 하다. 그러나 고체연료를 태우기 전 휘발하는 메탄올을 생각해야 한다면 그렇게 말하지 않을 것이다. 고체연료를 태울 때면 가까이에서 불쾌한 향이 나는데, 휘발하는 메탄올 향이다. 그래서 고체연료를 태울 때는 자주 환기해야 한다. 특히나 식당이나 술집은 환기가 여의치 않을 때가 많다. 실제로 한 뉴스에 따르면 식당 내부 공기에서 메탄올 성분이 검출되기도 했다. 그렇기에 식당 내에서 근무하는 직원은 더욱 주의가 필요하다. 더 이상 자영업자를 위한다는 논리로 근로자의 안전을 무분별하게 방치하지 말아야 한다.

당신의 수명을 갉아 먹는 일상 속 위험

# 식탁에 오른
# 잔류농약

밭일에 흔히 쓰이는 농약은 농작물을 병충해로부터 지키기 위해 많이 사용된다. 불법은 아니지만, 독성이 있어 각 나라에서 기준치를 마련해 관리하고 있다. 농약의 종류에는 제초제, 살충제, 살균제, 살서제, 살조류제 등이 있다. 그리고 이것들은 공통적으로 생물에 대해 강한 독성을 띤다. 그 말은 즉 인간에게도 독성을 갖고 있다는 말이다. 제초제는 내분비계 교란, 살충제는 신경계 손상 및 호흡곤란, 살서제는 장기 손상, 살균제는 면역계 문제, 살조류제는 시력 손상을 일으킬 수 있다.

이 중에서도 살충제에 많이 쓰이는 OP(유기인산염) 농약을 눈여겨봐야 한다. 이 농약은 전 세계적으로 쓰이는데, 곤충이나 동물의 신경계를 방해하는 것으로 알려져 있다. 문제는 농약의 침투성이 강해 과일의 껍질뿐만 아니라 내부 조직으로 흡수될 가능성이 높다는 점이다. 특히 파라티온Parathion, 말라티온Malathion, 클로르피리포스Chlorpyrifos와 같은 대표적인 유기인산염 농약은 과일과 채소의 표면과 내부에 남아 있을 가능성이 높다.

2024년 발표된 연구[24]를 보면, 농약이 아동에게 미치는 영향이 나와 있다. 해당 연구는 태국 농업 지역에 거주하는 미취학 아동 172명을 대상으로 유기인산염 노출과 신경 발달 간의 연관성을 조사했다. 연구 결과, 농민 부모를 둔 자녀는 소변에서 DMP와 DEP(유기인산염의 대사산물) 수치가 유의미하게 높게 나타났다. 부모 세대의 농약 사용이 자녀에게까지 영향을 미친 것이다. 게다가 과일 섭취량이 많은 아이들에게서도 DEP 수치가 높게 나타났다. DEP 수치 상승은 특히 소근육 운동 협응력 저하와 밀접하게 연관되어 있다. 즉 양손 협응력과 손 사용 능력에 영향을 줄 수 있다. 무엇보다 어린이와 같은 민감한 집단은 신경 발달에 악영향을 미칠 우려가 있어 예방이 필요하다.

그러나 아직도 잊을만하면 잔류농약 사건이 떠오른다. 너무 많아 일일이 열거하기도 어렵지만 일부만 소개해 보면, 2023년 11월에는 베트남산 냉동 홍고추에서 살균제인 트리사이클라졸Tricyclazole*이 기준치인 0.01 ppm을 초과한 0.14 ppm이 검출된 사건이 있었다. 2023년

---

\* Tricyclazole: 벼의 이삭도열병 예방 및 치료에 효과적인 살균제.

12월에는 김장용 대파에서 농약 성분인 터브포스<sup>Terbufos</sup>*가 기준치인 0.01 ppm보다 높은 0.03 ppm이 검출되기도 했다. 그리고 2023년 4월에는 아보카도에서 잔류농약인 티아벤다졸이 2.03 ppm이 검출됐는데, 이는 기준치인 0.01 ppm의 203배에 해당하는 양이어서 큰 충격을 주었다. 2023년 12월에는 대만에서도 큰 사건이 발생했었다. 대만에서 시판 중인 열매 빈랑을 조사한 샘플 중 무려 87%에서 각종 미승인 잔류농약이 검출된 것이다. 해당 잔류농약 중에는 자폐증과 지능 저하를 유발한다는 강력한 증거가 있는 농약도 포함돼 대만 전역을 떠들썩하게 만들었었다.

그렇다면 조사했을 때 문제 되지 않는다면 잔류농약을 걱정하지 않아도 될까? 그렇지 않다. 2022년 12월 경북도 보건환경연구원은 농산물 잔류농약 검사 항목을 확대해서 조사한 결과, 기준 초과 농산물이 이전보다 1.4배 늘었다고 보고했다. 2021년 인천시 잔류농약 부적합률은 1.1%에서 약 2.7배 증가한 3%로 보고되었다. 이것은 결국, 정부와 지자체가 문제 되는 농약의 잔류 기준치를 조사해 적합한 제품의 정보를 명확히 공개해야만 안전한 소비가 가능하단 뜻이다. 그리고 안전한 소비를 위해서는 생산자가 농약 사용법과 기준치를 준수하고, 출하 직전 일부 샘플을 채취해 잔류농약 검사를 의무적으로 하는 것이 바람직하다. 만약 이 과정에서 잔류농약이 검출된다면 표면 변형을 감수해서라도 제거하는 작업을 거쳐야 한다.

---

\* Terbufos: 토양 해충을 방제하는 데 사용되는 유기인계 살충제.

## 올바른 생활 습관 **TIP**

소비자는 채소와 과일에 잔류농약이 있을 수밖에 없다는 사실을 인지하고 반드시 세척을 올바르게 한 뒤 섭취해야 한다. 식초를 푼 물에 1분 이상 담갔다가 헹구거나 밀가루를 활용해 세척하는 것도 방법이다. 만약 과일을 제대로 세척할 자신이 없다면 껍질을 벗겨 먹는 습관을 들일 것을 추천한다(껍질의 잔류농약 검출률은 과육의 10배 이상이다).

당신의 수명을 갉아 먹는 일상 속 위험

# 찾았다!
# 치매 원인!

점차 인구 고령화가 심화되고 치매 환자 수가 급증함에 따라 치매는 현대 사회의 가장 주목받는 건강 문제로 대두되고 있다. **최근 연구**[25] **를 보면, 가정용 화학물질이 인지기능 저하와 관련돼 치매의 발병 원인이 될 수 있다는 사실이 드러났다.** 2024년 10월 *Heliyon* 저널은 65세 이상의 가정용 화학물질 사용과 인지기능 저하의 상관관계를 심층적으로 분석한 연구를 소개했다. 총 10,387명의 노인을 대상으로 진행된 한 대규모 조사에서, 살충제·방향제·소독제 등 가정용 화학물질 8종의 사용 빈도와 인지기능 저하 사이의 관계가 분석되었다. 그 결과, 특히 구강 청결제와 방향제 그리고 소독제가 노년층의 인지기능 저하와 유의미한 상관관계가 있음이 밝혀졌다. 그리고 남성보다는 여성에게서 인지기능 저하가 더 강하게 나타난 것을 확인할 수 있었다.

해당 연구는 구강 청결제, 방향제, 소독제 등에서 발견되는 특정 화학물질이 인지기능에 부정적인 영향을 미칠 가능성을 제기했다. 이들의 공통 성분을 살펴보면 항균제, 방부제, 계면활성제, 알코올임을 알 수 있다. 이 중 비누에 자주 사용되는 계면활성제와 쉽게 휘발되는 알코올을 제외하면, 항균제나 방부제만 남는다. 항균제나 방부제의 성분이 에어로졸 형태로 호흡기를 통해 몸속으로 들어와 문제를 일으키거나, 구강청결제 사용 후 미처 헹궈내지 못한 채 체내로 유입된 것들이 문제를 일으켰을 확률이 높다.

이런 특징은 농약 노출 연구와도 궤를 같이한다. 2019년 3월 플로스원PLOS One에 농업인 169명을 대상으로 심층 분석한 연구가 발표되었다. 연구 결과, 농약(살충제)에 자주 노출될수록 치매 전 단계인 인지기능 저하 위험이 최대 2.8배 증가한 것으로 나타났다. 이 같은 문제를 피하기 위해서는 일상적인 사용 습관과 제품 선택에 주의를 기울이는 것이 필요하다. 또한, 정부 차원에서도 안전한 화학물질 사용을 위한 정책적 뒷받침이 이루어질 필요가 있다.

## 올바른 생활 습관 TIP

방향제나 소독제를 사용할 때는 수시로 창문을 열어 공기 중에 퍼진 화학 성분의 농도를 낮춰야 한다. 환기가 여의치 않다면 호흡기로 유입될 가능성이 있는 화학물질은 최소화하는 것이 좋다. 적어도 치매를 예방하기 위해 화학물질 사용을 줄이는 실천적 노력이 개인에게 필요하다.

# 인체가 된
# 미세 플라스틱

미세 플라스틱이 우리 몸에 미치는 영향은 지금도 꾸준히 연구 중인 과제다. 최근 연구에 따르면 MP(미세 플라스틱)$^{Microplastics}$이 혈액, 태반, 폐, 골격 조직(뼈, 연골, 추간판) 등에서 검출됨이 확인되었다. 이는 인체 구조의 핵심인 골격계에 미세 플라스틱이 침투할 수 있음을 알려준다.

2025년 *Environment International* 저널에서 발표한 한 논문[26]을 살펴보면 더 자세히 알 수 있다. 해당 논문은 퇴행성 근골격계 질환(퇴행성 디스크 질환, 무릎 골관절염 등)으로 수술받은 16명의 환자의 샘플을 가지고 연구를 진행했다. 그들의 뼈, 연골, 추간판 등에서 미세 플라스틱의 존재와 침착 여부 등을 분석했고, 결과는 놀라웠다. 조직별 미세 플라스틱 침착 농도(particles/g)를 확인한 결과 뼈는 22.9±15.7, 연골은 26.4±17.6였으며, 추간판(디스크)은 61.1±44.2로 가장 높은 농도로 관찰됐다. 조직별 미세 플라스틱 평균 크기(μm)는 추간판(디스크)에서 159.5±103.8 μm, 뼈에서 138.86±105.67 μm, 연골에서 87.5±30.7 μm으로 관찰됐다. 즉, 미세 플라스틱이 혈액, 태반, 심지어 인체 골격계에서도 발견될 수 있다는 사실이 밝혀졌다.

미세 플라스틱 분석 시 가장 많이 검출된 플라스틱 유형은 폴리프로필렌(PP, 35%), 에틸렌-비닐아세테이트 공중합체(EVA, 30%), 폴리스티렌(PS, 20%) 순이었다. PP와 PS는 범용 플라스틱으로 체내 관찰이 그리 놀라운 일이 아니다. 주목해야 할 점은 EVA가 전체 미세 플라스틱의 30%를 차지했다는 사실이다. 최근에 쓰이기 시작한 EVA는 신발, 태양광 패널, 스포츠 매트, 포장재 등 다양한 산업에서 사용된 게 원인일 것으로 추정되고 있다.

추가로 연구진은 미세 플라스틱이 골격 조직에 미치는 영향을 알아보기 위해 실험 쥐 모델을 활용한 실험도 진행했다. 그 결과, 미세 플라스틱에 4주간 노출된 실험 쥐에게서 염증 및 뼈 대사 관련 생체지표Biomarkers의 변화가 확인되었다. 구체적으로 TNF-$α$Tumor Necrosis Factor-α가 증가했는데, 이는 체내 염증 반응이 증가했다는 것을 의미한다. 그리고 TRACP-5bTartrate-resistant Acid Phosphatase-5b효소도 증가했는데, 이는 뼈가 더 많이 분해됨을 의미한다. TNF-$α$는 면역반응을 조절하는 사이토카인으로, 염증을 유발하는 주요 단백질이다. 그리고 미세 플라스틱 노출 후 TNF-$α$가 증가했다는 것은 EVA를 포함한 미세 플라스틱이 체내 염증 반응을 활성화할 가능성이 높다는 뜻이다. TRACP-5b의 증가는 뼈 손상이 발생할 가능성이 있음을 의미한다. 즉, 미세 플라스틱이 골격 조직에 축적되면서 염증 반응을 유발하고 장기적으로는 뼈 손상을 초래할 수도 있다는 뜻이다.

결국 이 연구를 통해서 미세 플라스틱은 단순히 혈액, 태반, 폐에만 존재하는 것이 아니라, 인체 골격 조직(뼈, 연골, 추간판)에서도 발견될 수 있음이 밝혀졌다. 그러니 앞으로라도 생활 속에서 최대한 미세 플라스틱에 노출되지 않도록 주의를 기울이는 것이 중요하다.

# 환경오염이 불러온
# 갑상선암

최근 연구들은 환경오염 물질인 PFAS(과불화화합물)<sup>Per-and polyfluo</sup>

roalkyl substances이 우리의 건강에 미치는 영향을 심각히 경고하고 있다.

PFAS는 산업 및 소비재에서 널리 사용되는 화학물질로 물과 기름 그

리고 열에 강해 주로 조리 기구, 방수 재료, 식품 포장 등에 사용되었다.

그러나 이러한 편리함 뒤에는 건강에 미치는 심각한 위험이 숨어있다

는 것을 잊어서는 안 된다. PFAS는 일명 '영원한 화학물질'로 불리며,

불소-탄소 결합의 강한 안정성으로 환경에서 분해되지 않고 축적되는

특징이 있다. 그래서 내분비계와 대사 기능에 영향을 미칠 수 있다는

우려가 있는 것도 사실이다.

당신의 수명을 갉아 먹는 일상 속 위험

2023년, *Environmental Health Perspectives*에 발표된 한 연구[27]는 중년 여성이 PFAS에 노출되면 혈중 지질 수치의 유의미한 변화가 나타난다는 사실을 밝혔다. 특히 콜레스테롤과 LDL(저밀도 지질단백질) 수치가 상승하는 경향이 PFAS 노출과 연관된 사실을 밝혀내 주목받았다. 이 연구는 PFAS 관련 대책이 얼마나 시급한지를 알려주는 지표로, 현재까지 PFAS가 나이와 성별에 따라 건강에 미치는 영향을 다룬 중요한 연구 중 하나로 평가받고 있다.

그리고 2025년에 PFAS가 청소년에게 미치는 영향도 발표되었다. *Toxics* 저널에 발표된 연구[28]는 2018~2020년 한국 환경보건 조사 데이터를 바탕으로, 12~17세 청소년 824명을 대상으로 혈중 PFAS 농도와 지질 수치를 분석했다. 연구에 따르면 PFAS 혼합물, 특히 PFDeA^Perfluorodecanoate와 PFNA^Perfluorononanoate가 청소년들의 총 콜레스테롤과 LDL 수치를 상승시키는 것과 연관이 있다고 밝혀 충격을 주었다. 특히, 남자 청소년의 경우 PFDeA 노출이 고콜레스테롤혈증 위험 증가와 밀접한 관련이 있는 것으로 나타났다. 남자 청소년이 PFAS 혼합물에 노출될 경우, 총콜레스테롤과 LDL 수치가 더욱 크게 상승하는 경향을 보인 것이다.

이어서 *Environment International*에 발표된 논문[29]에는 PFAS 노출과 갑상선암 발병 가능성에 대한 중요한 연구 결과가 제시되었다. 이 연구 이전까지는 PFAS 노출이 갑상선암과 직접적으로 관련된다는 증거가 부족했다. 그러나 이번 연구는 머신러닝 분석을 통해, 두 가지 사이에 중요한 연관성이 존재한다는 사실을 새롭게 제시했다. 해당 연구를 위해 연구진은 갑상선암 환자 746명과 건강한 대조군의 혈청 샘플을 분석해 11개의 PFAS 화합물과 대사체를 측정했다. 특히, PFAS 혼합 노출의 영향을 평가하기 위해 통합 모듈 방식과 머신러닝 알고리즘을 적용해 기존 연구와 차별화된 결과를 도출했다. 그 결과, 11개의 PFAS 중 10개가 연구 대상자의 80% 이상에서 검출되었다. 충격적이게도 이 중 PFHxA, PFDoA, PFHxS, PFOA, PFHpA가 갑상선암 발병에 중요한 영향을 미치는 것으로 나타났다. 해당 연구는 특정 PFAS 한 가지가 아닌 혼합 노출이 갑상선암 위험을 높인다는 점을 강조했다. 특히, PFHxA(퍼플루오로헥사노산)는 가장 높은 기여도를 보이며, 주요 원인 물질로 확인되었다. 구체적으로 연구진은 PFAS 노출은 지방산 대사 이상을 유발해 갑상선암 발병 가능성을 높인다는 메커니즘까지 제시했다. 이는 PFAS가 내분비 교란 물질로 작용할 수 있다는 기존 우려를 뒷받침한다.

지금까지의 연구 결과를 통해 수많은 PFAS 중에서 PFHxA가 갑상선암을 일으키는 데 기여하고, PFDeA와 PFNA와 같은 다른 PFAS 화합물도 인체에 심각한 영향을 미칠 수 있다는 사실을 알 수 있다. 그런데 이런 상황에도 우리나라는 수많은 PFAS 중에서 오직 PFOA와 PFOS만 신경 쓰고 있어 우려의 목소리가 높다. 반면, 해외는 발 빠르게 움직이고 있다. 해외에서는 2024년 미국과 유럽에서 PFAS 규제를 대폭 강화하고, 인체 노출 안전기준을 재평가하는 등 적극적으로 대응하며 우리와 다른 모습을 보여주고 있다.

그럼, 우리는 어떻게 행동하는 것이 바람직할까? PFAS에 대한 노출의 90%는 식품을 통해서 이뤄지는데, 특히 수산물의 오염도가 매우 높다는 사실을 꼭 기억해야 한다. 실제 정부 조사에서 PFOS만 검사했

당신의 수명을 갉아 먹는 일상 속 위험

을 때도, 우리나라 수산물의 약 90%에서 PFOS가 검출되었었다. 이를 통해 우리나라 인근 해역의 오염도가 얼마나 심각한지 알 수 있다. (참고로 유럽에서는 수산물의 PFAS 검출률은 우리나라보다 훨씬 낮은 수준이다) PFAS는 더 이상 무시할 수 없는 공중보건의 문제인 동시에 여러 나라의 문제이기도 하다. 제조업이 발달한 중국, 일본, 대만, 한국 등은 산업 폐수 배출량이 많고, 이에 따라 인근 해역의 오염도 역시 높은 편이다. 결국 이들 국가가 공동으로 실태를 조사하고, 관련 규제 및 저감 대책을 마련하는 것이 무엇보다 중요하다. 정부의 적극적인 대응과 국제 협력이 시급한 때이다.

## 올바른 생활 습관 TIP

지나친 수산물 섭취는 피하는 것이 좋다. 그리고 섭취할 때는 삶아서 먹되, 열을 가하는 과정에서 수산물 안에 있던 PFAS가 용출될 수 있으니, 국물은 피하고 건더기 위주로 먹는 식습관을 길러야 한다.

# 소시지 하나,
# 베이컨 두 조각의 위험성

아이들 반찬으로 가장 많이 나오는 소시지, "이 정도는 괜찮겠지" 생각하며 밥상에 여러 번 올랐을 것이다. 남녀노소 부담 없이 즐기기에 매일 밥상에 오르는 집도 흔하다. 문제는 이런 소시지 한 조각이 만성질환의 문을 두드리는 시작이 될 수 있다는 사실이다.

2012년 스웨덴 연구 결과[30]에 따르면 하루에 소시지 하나, 베이컨 두 조각 정도를 꾸준히 섭취하는 것만으로 췌장암 발병률이 증가한다고 한다. 이러한 가공육의 위험성은 꾸준히 제기되어 왔고, 그만큼 지속적으로 연구되었다. 그리고 가공육에서 특히나 문제가 되는 성분은 $NaNO_2$(아질산나트륨)이란 사실이 밝혀졌다. 가공육은 대게 보존성을 높이기 위해서 아질산나트륨을 첨가한다. 세균의 성장을 억제하고, 산화 방지 등에 사용되기 때문에 가공육 공장에서 흔히 볼 수 있는 식품 첨가물이다. 그리고 이 물질은 체내에서 니트로사민nitrosamine으로 전환된다.

2015년 세계보건기구는 니트로사민을 1군 발암물질*로 지정했다. 그리고 덧붙여 소시지, 햄, 베이컨 같은 가공육을 매일 50 g씩 매일 섭취하면 대장암 발병률이 18%씩 커진다고 밝혔다. 육류에 첨가하는 아질산나트륨에 의해 체내에서 만들어지는 니트로사민의 발암성이 매우 높기 때문이다. 당시에만 해도 가공육을 당장 끊을 필요는 없으며, 일반적인 섭취량은 괜찮다고 언급했었다. 그러나 2023년 12월이 되자 정부는 햄이나 소시지에 흔히 사용하는 아질산나트륨을 자살위해물건**으로 지정했다. 이에 따라 아질산나트륨을 자살 유발 목적으로 SNS 등 정보통신망으로 유통한 사람은 형사처벌을 받게 되었다. 한마디로 가공육 제조업체 관계자가 공장 내에 흔히 존재하는 아질산나트륨을 함부로 빼돌리면 처벌받을 수 있다는 소리다. 이렇게까지 하는 이유는 정부가 급격히 높아지는 자살률(OECD국가 기준 1위)에 대한 대책으로 자살 수단으로 빈번히 사용되거나 사용될 위험이 있는 물건에 대해 규제하기 위해서다. 번개탄(일산화탄소 발생), 제초제, 항뇌전증제, 수면제

---

* 1군 발암물질: 인간에게 암 발생이 명확한 경우.
** 자살위해물건: 자살 수단으로 빈번하게 사용되고 있거나 가까운 장래에 자살 수단으로 빈번하게 사용될 위험이 상당한 것으로서 제10조의2에 따른 자살예방정책위원회의 심의를 거쳐 보건복지부장관이 고시하는 물건.

등이 대표적인 '자살위해물건'이다.

아질산나트륨의 중독 증상에는 현기증, 메스꺼움 등이 나타날 수 있다. 그리고 즉각적인 혈압 강하가 나타날 수 있고, 과음 시 호흡이 늦어지고 나중에는 호흡곤란이 올 수도 있다. 여기에 더해 급성 중독 효과가 나타날 수 있는데, 이를 메트헤모글로빈혈증이라고 한다. 이는 혈액 내의 헤모글로빈이 비정상적으로 메트헤모글로빈으로 변환되는 증상이다. 아질산나트륨은 헤모글로빈의 철분을 산화시킬 수 있어서 결과적으로 메트헤모글로빈을 형성한다. 메트헤모글로빈은 헤모글로빈이 산소를 효과적으로 운반하지 못하게 하는 특징이 있다. 그래서 심각한 저산소증으로 혼수상태, 경련, 복통 등이 발생할 수 있다. 만약 다량 복용하였다면, 혈관 확장이 일어나 저혈압과 쇼크가 발생할 수 있으며 심하면 사망으로 이어질 수 있다. 다만, 앞서 열거한 내용은 과량 노출되었을 때의 독성이다. 단순히 핫도그나 부대찌개를 먹고 쇼크를 일으킨 사람을 본 적은 없을 것이다. 전 세계 모든 정부에서는 식품에 첨가할 때 허용 기준을 마련해서 관리하고 있어, 일상에서의 소량 섭취만으로는 문제가 되지 않는다. 실제 우리나라 식약처에서는 아질산나트륨의 잔류 허용 기준을 70 ppm 미만(미국: 200 ppm 미만)으로 지정하고 엄격하게 관리하고 있다.

### 가공육 마음대로 먹어도 되는 걸까?

영국 암 저널British Journal of Cancer에서 스웨덴 연구진이 하루에 소시지 한 개 또는 베이컨 두 조각 이상 섭취할 경우, 췌장암 발병 소지가

==5배나 증가한다고 밝혔다는 사실을 잊으면 안 된다.== 췌장암은 초기에 증상을 거의 느끼지 못해 '침묵의 살인자silent killer'라는 별명까지 갖고 있다. 췌장암 환자가 5년 이상 생존할 가능성은 3%밖에 안 되기 때문에 암 중에서 가장 무서운 암으로 불린다. 단지 하루에 소시지 하나, 햄 한 장, 베이컨 두 조각처럼 작아 보이는 양을 매일 먹는 것만으로 이런 무서운 암에 걸릴 가능성이 5배나 높아진다는 걸 기억해야 한다. 가공육을 즐겨 먹어서는 안 되는 이유는 이 연구 결과만으로 충분히 설명된다. 실제로 가공육 섭취량이 많다고 알려진 미국에서 2024년 기준 췌장암 발병률이 연 1%씩 증가하고 있다는 사실은 우리에게 많은 것을 시사하고 있다.

2025년 6월에는 국제학술지 Nature Medicine에 한 연구가 발표되었다. 해당 연구에 따르면 가공육, 설탕첨가음료, 그리고 트랜스지방산의 섭취는 다음 세 가지 주요 만성질환과 용량-반응 관계dose-response relationship가 있다는 사실이 확인되었다. 세 가지 주요 질환은 제2형 당뇨병Type 2 Diabetes, 허혈심장질환Ischemic Heart Disease, 대장암 Colorectal Cancer으로 알려졌다. 하루 0.6~57 g 정도 가공육을 섭취한 사람과 그렇지 않은 사람을 비교했을 때, 제2형 당뇨병은 평균 위험도가 11% 증가했다. 하루 0.78~55 g 정도 섭취하면 대장암 위험이 7% 증가한다는 결과도 나왔다. 핫도그 한 개에 들어가는 가공육의 양이 약 50 g인 것을 생각하면 하루 한 개 핫도그를 섭취하는 사람도 악영향을 받을 수 있다는 뜻이다.

더 중요한 건 아질산나트륨의 복합 독성은 충분히 연구조차 되지 않았다는 사실이다. 2024년 동물실험에서는 아질산나트륨과 마이크로

시스틴Microcystin-LR에 동시에 노출됐을 때, 정자의 미토콘드리아 손상, 정자 밀도 감소, 생식 기능 저하 등 복합적인 생식독성이 관찰되었었다. 이 연구는 단지 하나의 예시일 뿐이므로 아직 연구가 충분히 진행되지 않았기에 습관적인 섭취는 지양하는 게 좋다. 그리고 아질산나트륨 자체만으로 독성을 논할 것이 아니라 복합 독성을 고려해야 한다.

또한, 아질산나트륨이 자살 수단으로 사용되고 있는 것 또한 사실이므로, 이를 대량으로 취급하는 식품 회사는 관리 감독을 더 엄격히 할 필요가 있다. 일반 시약 회사도 개인에게 직접 판매하는 것은 이제 금지하는 게 좋다. 이제는 우리가 모두 이로운 방향으로 나아갈 때다.

**올바른 생활 습관 TIP**

건강한 삶을 위해서는 가능한 한 신선한 재료와 자연식 중심의 식사를 늘리는 것이 가장 확실한 방법이다. 가공육이나 즉석식품은 되도록 피하고, 신선한 야채, 고기, 견과, 과일 등을 직접 손질해 먹는 것이 안전하다.

당신의 수명을 갉아 먹는 일상 속 위험

# 매직 스펀지를
## 쓰지 마세요

시중에서, 홈쇼핑에서, 다이소에서 흔히 청소용 스펀지를 찾다 보면, 한 번쯤 보게 되는 제품이 있다. 벽돌 모양으로 잘 다듬어진 하얀색 스펀지로 매직 블록, 매직 블록 스펀지, 매직 스펀지 등 다양한 이름으로 불리고 있다. 이 제품은 세제로도 지우기 힘든 이물질을 문지르는 것만으로 쉽게 지울 수 있어 다목적으로 잘 쓰이는 인기 높은 스테디셀러 상품이기도 하다.

매직 스펀지는 멜라민Melamine 수지를 사용한다. 멜라민은 딱딱한 플라스틱 형태지만, 발포 과정을 거쳐 매직 스펀지가 된다. 발포 과정을 거치면 수많은 기공이 생겨 표면이 거칠어지고 면적이 넓어진다.

그리고 수많은 이물질을 긁어서 떨어뜨린 다음 기공으로 스며들게 만들어 깨끗한 청소가 가능하게 한다. 그뿐만 아니라 매우 강하게 붙은 이물질은 매직 스펀지의 조직과 함께 떨어지기 때문에 어지간한 이물질은 손쉽게 제거할 수가 있다.

**멜라민(Melamins) 화학구조**

그러나 이토록 장점이 많은 제품도 논란은 있다. 매직 스펀지에 사용되는 멜라민 소재에 의한 발암물질 용출 논란이 그것이다. 멜라민 수지는 포름알데히드Formaldehyde와 멜라민melamin을 화학 반응시켜서 제조하는데, 마지막 단계에서 제대로 정제되지 않으면 미반응 포름알데히드나 멜라민이 남을 수 있다. 그리고 이 잔류 성분은 뜨거운 열기에 노출되면 용출될 수도 있다. 이런 이유로 식약처에서는 멜라민 식기에 흠집이 많으면 교체할 것을 권장하고 있다. 흠집이 많을수록 표면적이 늘어나 미반응 성분이 더 많이 용출될 수 있기 때문이다. 상황이 이렇다 보니, 멜라민 수지로 만드는 매직 스펀지에 대한 우려도 자연스레 퍼지게 되었다. 심지어 매직 스펀지는 기공이 많고 표면적이 넓으니, 1군 발암물질인 포름알데히드나 멜라민이 더 많이 용출되는 게 아닐까 하는 걱정이 되기도 한다.

당신의 수명을 갉아 먹는 일상 속 위험

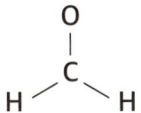

**포름알데히드(Formaldehtyde) 화학구조**

하지만 다행히도 멜라민 수지는 문지르는 것만으로는 잔류하고 있던 포름알데히드나 멜라민이 용출되지 않는다. 만약 빠져나온다고 해도 무시할 만한 수준이기 때문에 걱정할 필요가 없다. 대체로 유해물질 용출은 청소 중 발생하지 않지만, 끓을 정도의 뜨거운 물을 부어 문지르게 되면 용출될 수도 있다. 그러므로 뜨거운 물 같은 열기에 노출되는 상황은 조심해야 한다.

매직 스펀지를 사용할 때 가장 많이 걱정되는 부분은 오래된 매직 스펀지 사용이다. 매직 스펀지를 오래 사용하면 점차 고분자 조직이 분해된다. 그래서 오래된 매직 스펀지를 마른 채로 그대로 문지른다면 미세한 가루가 많이 발생하게 된다. 이 가루는 청소 중인 사람의 호흡기로 그대로 유입될 수 있어 주의가 필요하다. 특히 수분을 머금은 상태에서 보관하거나 습한 욕실 등에 보관할 경우, 조직이 더 약해질 수 있기에 보관에 유의해야 한다. 만약 집에 오래된 매직 스펀지가 있다면 굳이 사용하지 말고, 분리 배출하는 것이 가장 바람직하다.

# 우리 아이들의 미래가 보이지 않는 이유

# 일상에 숨어든 해로운 중금속

# 내가 중금속으로
# 밥을 해 먹었다고?

2023년 5월 6일 기사 하나가 충격을 주었다. '귀찮다고 전기밥솥 내솥에 쌀 담아 씻었다간 중금속 꿀꺽'이라는 제목의 기사였다. 해당 기사는 충격이 아닐 수 없었다. 전기밥솥의 내솥에는 스테인리스와 불소수지로 코팅된 내솥이 있다. 그리고 이 내솥에 쌀을 담아 씻게 되면 물리적 자극으로 인해 코팅이 벗겨지면서 중금속 성분이 용출될 수 있다고 기사는 밝히고 있었다. 문제는 용출된 알루미늄은 우리 몸의 뇌, 신장 등에 영향을 끼치는 위해성을 가지는 성분이란 점이다. 여기서 한 가지 짚고 넘어가야 할 부분은 코팅이 벗겨진 내솥에서 용출되는 알루미늄은 중금속이 아닌 경금속이며, 알루미늄은 체내에 유입되면 대부

우리 아이들의 미래가 보이지 않는 이유

분 신장을 통해 배출된다. 다만, 신장 기능이 떨어지면 서서히 체내에 쌓이게 되면 치매가 유발될 가능성이 높아질 수 있다.

한 가지 예를 들어보자. '양은 냄비'(양은 냄비는 양은으로 이뤄지지 않고, 실제는 알루미늄 냄비다)의 경우, 평균 1,000 ℃ 정도의 가스불에 노출된 상태라고 가정했을 때, 여기에 라면이나 김치찌개처럼 산성도가 높고 염분이 높은 음식을 조리하면 산화알루미늄이 과량 용출된다. 하지만 전기밥솥의 내솥이 알루미늄 소재라면, 상황이 조금 다르다. 전기밥솥은 주로 밥을 하는 용도기 때문에 코팅이 벗겨져 알루미늄 성분이 노출돼도 전기밥솥에서 발생하는 압력과 온도에서 용출되는 알루미늄 양은 사실상 양은 냄비에 비하면 매우 극소량이다. 만약 이 소량도 우려가 된다면 코팅이 벗겨진 내솥은 바로 교체하면 된다.

요즘은 전기밥솥 내솥을 대부분 알루미늄이 아닌 스테인리스 소재를 기반으로 한다. 스테인리스는 철을 기반으로 니켈이나 크로뮴이 들어가 있는 합금인데, 강도 및 내화학성 등이 우수해서 주방 식기 등 다양한 분야에 널리 활용되고 있다. 내솥에 쓰이는 스테인리스는 소재 자체를 내솥으로 사용하거나 스테인리스에 각종 불소계 수지를 코팅하는 경우가 대부분이라고 보면 된다. 내솥의 코팅이 벗겨져 스테인리스 소재가 노출되더라도 바로 중금속을 섭취하진 않는다. 다만 스테인리스 소재가 부식되었다면 문제가 될 수 있다. 그러므로 스테인리스 내솥이 부식되었다면 지체 없이 교체해야 한다.

스테인리스는 이 밖에도 프라이팬에 자주 쓰인다. 순수 스테인리스 소재의 프라이팬이 있고, 불소계 수지를 코팅해 만든 프라이팬이 있다. 만약 코팅이 벗겨지거나 흠집이 생기면, 흠집 안으로 음식물이 들어가 부식을 일으킬 수 있어 주의가 필요하다.

그러나 전기밥솥의 내솥을 프라이팬과 동일 선상에서 비교하는 것은 무리가 있다. 전기밥솥은 말 그대로 밥을 짓는 것이 주 용도여서 마찰이 적기 때문이다. 설령 코팅이 벗겨졌더라도 전기밥솥이 작동되는 순간의 온도와 압력을 고려해 보면 니켈과 크로뮴이 용출되기 어렵다. 다만 코팅이 벗겨져서 음식물이 그 흠집 사이사이에 끼거나 제대로 세척이 되지 않아 음식물이 잔류한다면, 그로 인해 발생한 부식으로 서서히 중금속 용출이 일어날 가능성이 있다. 이런 이유로 밥솥의 내솥은 코팅이 벗겨지면 교체하는 것이 좋다.

그리고 스테인리스 내솥을 코팅한 불소계수지가 플라스틱이란 점을 기억해야 한다. 테플론Teflon으로 대표되는 불소계 수지는 열적 안전성과 기계적 물성이 매우 우수해 밥솥이 작동하는 온도와 압력만으로는 미세 플라스틱이 몇억 개씩 발생하지는 않는다. 하지만 오랜 기간 사용할수록 조직이 유연해지고, 강한 철 수세미로 세척하면 미세 플라스틱이 떨어질 수 있다. 다행인 점은 세척하면서 대부분의 미세 플라스틱이 떨어져 나간다는 사실이다. 게다가 크기가 150마이크로 이상이면 체내에 들어와도 배출되기에 걱정할 필요가 없다.

**올바른 생활 습관 TIP**

부드러운 수세미를 사용해 내솥을 세척하고 코팅이 벗겨지면 교체하는 등의 간단한 주의 사항만 지켜도 알루미늄이나 중금속, 미세 플라스틱 등을 섭취할 걱정은 하지 않아도 된다.

우리 아이들의 미래가 보이지 않는 이유

# 폐수에 사는
# 오징어

2017년 식약처의 〈식품의 중금속 기준 규격 재평가 보고서〉를 통해 카드뮴의 오염도가 높은 식품과 노출량이 높은 식품이 공개됐다. 카드뮴은 국제암연구소 기준 1군 발암물질이다. 납은 신경 손상을 일으키고, ADHD(주의력결핍 과잉행동장애)를 일으킬 수 있다. 식약처의 보고에 따르면, 오염도와 노출량이 모두 높은 식품은 갑각류(꽃게), 어패류(가리비, 굴, 꼬막, 전복), 두족류(오징어, 낙지, 주꾸미), 해조류(김, 미역)다. 그리고 그중에서 오염도가 특히 높은 식품은 개불(평균 1.0718 mg/kg), 주꾸미(평균 0.9241 mg/kg), 키조개(평균 0.9052 mg/kg)였다. 수산물 평균 오염도가 0.1567 mg/kg임을 감안하면 개불, 주꾸미, 키조개는 특히 높다고 볼 수 있다. 여기서 눈여겨봐야 하는 수치는 2010년 대비 오염도와 노출량이 모두 증가한 식품이다. 바로 두족류(오징어, 낙지, 주꾸미), 갑각류(게), 해조류(미역)였다. 구체적으로 두족류 카드뮴 평균 오염도는 0.4991 mg/kg였는데 주꾸미는 0.9241 mg/kg, 낙지는 0.6915 mg/kg, 오징어는 0.6531 mg/kg로 평균 오염도를 상회 하는 결과를 보였다. 특히 오징어는 다소비 다빈도 식품으로 총 노출량의 5% 이상을 담당했다. 또한 노출 점유율도 가장 높게 나왔다. 이 때문에 식약처에서도 민감 계층(13~19세, 수유부)의 섭취량 기준을 강화할 필요성을 제기하기도 했다. 현재 오징어의 카드뮴 기준치는 2.0 mg/kg인데, 1.5 mg/kg으로 기준을 강화하려는 안이 제시된 상태다.

만약 카드뮴 농도가 0.75 mg/kg인 오징어를 일주일에 6마리(약 240 g)를 섭취하면 인체 노출 안전기준을 초과하게 된다. 상대적으로 높은 농도인 1.5 mg/kg의 오징어는 1주일에 3마리를 섭취하면 인체 노출 안전기준을 초과하게 된다. 결국 중금속 오염도에 따라 허용 섭취량이 결정된다는 걸 알 수 있다. 이 수치를 보면 일반적으로 일주일에 3마리 이상 오징어를 섭취하는 일이 잘 없어 현재 기준으로 크게 염려할 필요가 없어 보인다. 다만 문제는 수산물이 카드뮴에만 오염되는 게 아니란 점이다. 다른 중금속인 납의 오염도에 대해서 살펴보면, 2010년 대비 증가한 걸 확인할 수 있다. 수은도 마찬가지다. 2017년 보고서를 보면 7년 만에 중금속이 급속도로 늘었다는 것을 알 수 있다. 오징어가 중금속을 스스로 만들어내는 것은 불가능하다. 결국 바닷물의 중금속 오염도가 높아졌기 때문에 덩달아 오징어의 중금속 농도도 높아진 것이다.

우리 아이들의 미래가 보이지 않는 이유

2021년 11월 기사[31] 하나가 올라왔다. '울산 연안 특별관리해역 연안오염총량관리 도입 시행 연구보고서'에 울산 연안 처용암 앞바다로 유입된 폐수의 수은 농도가 배출허용기준을 최대 16배 초과했다는 사실이 실렸다는 내용이었다. 퇴적물 사료에서 하천 퇴적물 항목별 오염 평가 기준(2.14 mg/kg)의 570배를 넘는 수치의 220 mg/kg의 고농도 수은이 검출됐으며, 토양시료에서는 기준치를 넘는 중금속들이 검출되었다. 수은(67.8 mg/kg), 비소(649.7 mg/kg), 카드뮴(397 mg/kg), 구리(14811.4 mg/kg), 납(4212.5 mg/kg) 등 중금속이 포함된 오염된 폐수가 울산 연안으로 유입되고 있다는 충격적인 보고서 내용이었다. 더 문제가 됐던 것은 2018년에 울산과 온산 연안은 '중금속 연안오염총량관리제'에 의해 특별관리해역으로 지정되어 해양수산부와 울산시가 중점 관리 중이었다는 점이다. 향후 더 엄격하고 체계적인 관리가 이루어지겠지만, 이는 우리나라 문제만이 아니라는 사실을 직시해야 한다. 전 세계적으로 폐수가 바다로 흘러가다 보니 바닷물 속 생물이 중금속에 오염돼 가는 것은 당연할 수밖에 없다.

# 수유부에게
# 미역국은 안 돼!

산후조리, 생일 등의 중요한 날에 꼭 먹는 미역국에 대해 살펴보자. 미역은 수유부가 많이 섭취하기도 하지만, 학생식당이나 구내식당 등에서도 자주 나오는 국민음식 중 하나다. 그런데 2017년 식약처에서 진행한 중금속 전수조사에서 미역이 전체 식품 중에서도 평균 노출량과 평균 오염도가 높게 나타나는 사건이 발생했다. 〈식품의 중금속 기준·규격 재평가 보고서〉에 실린 아래 표를 살펴보자.

우리 아이들의 미래가 보이지 않는 이유

## 식품 속 중금속 납의 오염도

| | 수산물 | 가공식품 | 농산물 | 축산물 |
|---|---|---|---|---|
| 조사건수 | 6,630 | 5,824 | 11,297 | 9,397 |
| 오염도 (mg/kg) 평균치 | 0.082 | 0.016 | 0.013 | 0.004 |
| 검출률(%) | 68.5 | 77 3 | 83.5 | 75.0 |

당시 조사에서 축산물에서 나타난 중금속 납의 평균 오염도는 0.004 mg/kg였고, 검출률은 75% 정도였다. 그에 반해 수산물의 평균 오염도는 0.082 mg/kg, 검출률은 68.5%였다. 즉 축산물에 비해 평균 약 20배 높은 수치의 납이 확인된 것이다. 기본적으로 수산물의 수치가 높다 보니, 미역에서 높은 수치가 검출되는 것은 어쩌면 그리 이상한 현상이 아닐 수 있다. 문제는 오염도와 노출량이 증가하고 있다는 점이다. 오염도가 높더라도 노출량이 적으면 위해성이 상쇄되는데, 둘 다 증가하는 추세다 보니 정부도 우려할 수밖에 없는 상황이 되었다. 그래서 이후 식약처에서는 미역이 다소비, 다빈도 식품임을 고려하여 수유부의 섭취 기준 강화 필요를 주장했다. 이에 따라 미역 속 중금속 납 기준은 0.5 mg/kg로 관리하게 되었다.

그렇다면 발암물질인 중금속 카드뮴 수치는 어떨까? 미역은 납과 동일하게 전체 식품 중에서 평균 노출량과 평균 오염도가 모두 높은 식품으로 조사되었다. 아래 표를 보면, 축산물의 카드뮴 평균 오염도가 0.001 mg/kg인데 반해, 수산물은 0.157 mg/kg으로 무려 157배나 높은 카드뮴 수치가 관찰되었다. 15배가 아니라 정확히 157배였다. 수산물 자체가 이런 상황이다 보니 미역에서 카드뮴 수치가 높게 나오는 게 놀랄 일이 아니다. 하지만 안타깝게도 납과 마찬가지로 미역의 카드뮴 오염도도 오염도와 노출량이 모두 증가 추세여서 매우 우려되는 상황인 것은 맞다. 그래서 카드뮴 역시 0.1 mg/kg의 기준을 만들고 관리하게 되었다.

### 식품 속 중금속 카드뮴의 오염도

| | 수산물 | 가공식품 | 농산물 | 축산물 |
|---|---|---|---|---|
| 조사건수 | 6,630 | 5,824 | 11,297 | 9,397 |
| 오염도 (mg/kg) 평균치 | 0.157 | 0.023 | 0.013 | 0.001 |
| 검출률(%) | 68.0 | 72.0 | 96.9 | 33.1 |

여기서 우리가 꼭 알아야 할 부분은 증가 추세인 납과 카드뮴의 원인이 미역과 오징어가 아니라는 점이다. 스스로 만들어낼 수 없는 성분이 꾸준히 증가하고 있다는 말은 곧 바다가 중금속으로 오염되고 있다는 말과 같다는 사실이다. 바닷속 중금속 농도가 높아진 주된 이유가 바로 공장폐수라는 점을 우리는 명심해야 하며, 전 세계적으로 합의 및 협력을 통해 이 문제를 장기적으로 해결해 나가야만 한다.

우리 아이들의 미래가 보이지 않는 이유

# K-food가 된
# 중금속

명실상부 K-food로 자리매김한 음식 김에 대해 살펴보자. 2017년 식약처에서 진행한 중금속 전수조사에서 김은 납, 카드뮴 등의 평균 노출량과 오염도가 모두 높게 나타났다. 〈식품의 중금속 기준·규격 재평가 보고서〉에 실린 아래 표를 보면 수산물의 카드뮴 노출 점유율이 48.3%로 거의 50%에 육박한다. 한마디로 우리가 카드뮴에 노출되는 이유는 수산물이 압도적이라는 말이다. 그나마 다행인 점은 김의 중금속 노출량과 오염도가 증가 추세는 아니라는 점이다.

그렇다면 김으로 만드는 조미김(일명 도시락 김)은 어떨까? 아래에 나와 있는 표를 보면, 조미김의 카드뮴 평균은 0.472 mg/kg으로 측정

**식품별 카드뮴의 1일 평균 노출량과 노출 점유율**

| 식품군 | 1일 평균 노출량 (µg/kg b.w./day) | 노출 점유율 (%) |
|---|---|---|
| 농산물 | 0.080 | 27.4 |
| 축산물 | 0.001 | 0.3 |
| **수산물** | 0.141 | **48.3** |
| 가공식품 | 0.070 | 24.0 |

되었다. 이는 축산물 카드뮴 평균인 0.001 mg/kg보다 472배에 높은 수치라는 것을 알 수 있다. 원재료인 김이 0.102 mg/kg인데, 김으로 만드는 조미김이 0.472 mg/kg이라니 의문이 들 수밖에 없다. 실험이 잘못된 걸까? 그건 아니다. 김을 분석할 때는 수분이 많이 함유된 상태에서 측정될 가능성이 높다. 그렇게 되면 김 내부의 중금속 농도가 희석되는 효과가 나타날 수 있다. 하지만 조미김은 열처리 후에 기름까지 도포하기 때문에 잔류하던 수분은 사라지고 기름 코팅으로 희석효과도 없어진다. 따라서 김보다 조미김의 중금속 농도가 높아지는 건 전혀 이상할 게 없다.

**조미김의 카드뮴 평균 오염도 및 축산물과 비교**

| 구분 | 오염도 (mg/kg) | 축산물 평균 대비 |
|---|---|---|
| 수산물 평균 | 0.157 | 157배 |
| 김 | 0.102 | 102배 |
| **조미김** | 0.472 | **472배** |

수치가 높다 보니 2017년을 기준으로 김에 적용되던 0.3 mg/kg를

조미김에도 적용하기 시작했다. 그전까지 김은 해조류, 조미김은 기타 식품으로 분류가 되었기 때문에 김에만 기준치가 있었지만, 이제는 조미김에까지 기준치를 동일하게 적용하게 되었다.

시간은 흘러 2022년 11월 기사[32] 하나가 다시 문제를 제기했다. 김밥용 김에서 중금속 카드뮴이 초과 검출되어 판매 중단 및 회수 조치가 이뤄졌다는 내용이었다. 당시 식약처 조사에서 해당 제품은 기준치 0.3 mg/kg보다 높은 0.4 mg/kg이 검출됐다. 축적된 카드뮴은 배사 및 대사되기 어려운 금속이자 발암물질이기 때문에 해당 기사는 충격일 수밖에 없었다. 무엇보다 2022년 조사는 일부 조사였을 뿐 전체 전수조사가 아니라는 점에서 더 우려스러울 수밖에 없다. 모든 수치는 농도이기 때문에 실제 우리 몸에 유입되는 절대량을 봐야 한다. 섭취의 빈도나 양에 따라서 얼마만큼의 농도가 몸에 유입되었는지 살펴야 한다.

**올바른 생활 습관 TIP**

0.472 mg/kg로 오염된 조미김을 먹었더라도 적게 먹는다면 실제로 우리 몸에 유입되는 카드뮴의 절대량은 줄어들어 크게 염려할 필요는 없다. 반대로 0.25 mg/kg처럼 기준치 이하더라도 너무 많은 양을 섭취하면, 유입되는 절대량이 늘어서 더 위험할 수 있다. 따라서 평소 일반적인 조미김 섭취량을 고려했을 때, 현재까지는 특별히 우려할 정도는 아니라고 할 수 있다. 다만 한 번에 다량 섭취하는 식습관은 개선할 필요가 있다.

# 5

# 우리 집 수돗물의
# 붉은 경고

가끔 방송이나 지자체에서 해당 지역 수돗물 수질검사를 실시했다는 내용을 들어봤을 거다. 이때 우리는 정확히 어느 곳에서 수질검사를 했는지 알아야 한다. 물은 취수장에서 도수관을 통해 정수장으로 옮겨진 후, 정수장에서 깨끗해진 물을 송수관, 배수관, 급수관을 거쳐 가정집 수도꼭지로 흐르게 한다. 그럼 우리는 수질검사를 '정수장'에서 한 건지, 아니면 가정집 '수도꼭지'에서 나온 물을 검사한 것인지 자세히 알아봐야 한다. 사실, 우리나라의 정수 기술은 세계 최고 수준이다. 정수장에서 수질 적합 판정이 나오는 건 별로 놀랄 일이 아니다. 문제는 정수장의 깨끗한 물이 송수관, 배수관, 급수관을 거쳐 오염이 발생한

우리 아이들의 미래가 보이지 않는 이유

채 가정집으로 들어온다면 막을 방법이 없다는 사실이다.

깨끗한 물을 마시고 깨끗한 물로 샤워하고, 깨끗한 물로 세탁하고 싶은 건 인간의 당연한 욕구이자 기본권에 해당한다. 그런데 여러분이 수도꼭지를 틀었을 때 나오는 물이 '심한 녹물'이라면? 그 물로 양치는커녕 샤워도 할 수 없을 것이다. 그런데 그런 일이 2019년 공영 방송[33]을 통해 세상에 알려졌다. 원인은 '47년 된 상수도관'으로 밝혀졌다. 관련 뉴스가 전국을 떠들썩하게 만들었고, 우리 집도 붉은 수돗물이 나오진 않을지 불안과 걱정하는 목소리가 생겨났다.

정수장에 연결되는 송수관의 약 50%는 주철관 또는 덕타일 주철관으로 이뤄져 있다. 배수관 역시 약 50%가 주철관 또는 덕타일 주철관으로 이뤄져 있다. 여기서 주철관은 소위 '1세대 상수도관'으로 상대적으로 녹이 잘 스는 편이고, 덕타일 주철관은 '2세대 상수도관'으로 주철관에 마그네슘 등을 첨가해서 연성을 높이고 내식성을 높인 수도관이라 부식이 잘되지 않는다. 그럼 2세대 상수도관으로 모두 바꾸면 안전한 물을 마실 수 있다고 생각할 수도 있다. 하지만 불행히도 그렇지 않다. 덕타일 주철관 내부는 또 다른 코팅을 하는데, 그 코팅이 시간이 지나서 벗겨지면 역시 '교체 연한*' 전에 '부식'이 일어날 수 있기 때문이다.

그렇다면 급수관은 어떨까? 전국 평균 약 30%는 스테인리스 소재

---

\* 연한(年限): 「명사」 정하여지거나 경과한 햇수.

의 급수관을 사용하고 있다. (몇몇 대도시는 90%가 넘었지만, 아직도 대부분은 지역은 50%를 넘지 못하였다) 지자체에서 지속적으로 스테인리스 비율을 높이기 위해 노력하고 있다. 그렇다면 급수관이 100% 스테인리스가 되면 안전한 걸까? 급수관 전인 송수관과 배수관에서 오염이나 녹이 발생하면 급수관 교체는 크게 소용이 없다. 그래서 서울시는 깨끗한 물을 위해 2022년부터 1,175억을 투입해 수도관 세척 강화와 교체를 추진하고 있다. 2세대 수도관(스테인리스, 덕타일 주철관)이라 하더라도 31년 이상이 된 장기 사용 수도관의 경우 교체하고, 아연도강관 (부식이 매우 잘되어 사용 연한이 10년밖에 되지 않는다)을 급수관으로 쓰고 있는 주택도 수도관 교체를 지원할 계획을 발표했다. 그리고 상수도관의 세척도 본격 추진할 계획을 발표했다. 이는 급수관을 스테인리스 소재로 교체한다 하더라도 송수관과 배수관은 수시로 교체할 수 없다 보니(사용 연한: 30년) 세척을 강화한다는 의미로 해석된다. 대형 송수관과 배수관의 경우, 고압수와 브러시를 이용해 세척하고 소형 배수관과 급수관의 경우 소㎘ 블록 면 단위 물 세척을 진행해 오고 있다. 그 결과 실제로 평균 탁도*가 감소하는 효과가 나타났다.

지자체의 이런 노력에도 사용 연한이 지나면 결국 녹이 발생하는 것은 막을 수 없다. 심지어 녹은 사용 연한이 끝나기 전에도 발생할 수 있어 관내 온도, 유속, 방향 등을 고려해서 교체해야 한다. 그리고 스테인리스의 경우, 부식이 잘 안되는 성질일 뿐 아예 부식되지 않는다는

---

* 탁도: 탁한 정도.

우리 아이들의 미래가 보이지 않는 이유

뜻이 아니기에 이 또한 여러 가지를 고려하여 교체 시기를 확인할 필요가 있다. 수질이 깨끗하면 마셔도 문제가 없지만, 만약 아니라면 정수기와 샤워 필터 등을 사용하는 것이 좋다. 더 확실한 방법은 실시간으로 부식 여부 등을 알아낼 수 있는 기술을 개발하고, 부식 등에 있어서 내식성이 더 우수한 소재를 개발하는 것이다.

**올바른 생활 습관 TIP**

가장 확실한 방법은 지자체 수도사업본부에 연락해 가정집의 수돗물 수질 검사를 직접 받아보는 것이다.

# 6

# 환경 독소가 만든
## 인체 장애

　최근 발표된 연구[34]에서 총 69편의 연구 문헌을 검토해 127개의 환경 독소가 신경퇴행성 질환과 관련이 있음을 확인했다. 특히 비소, 카드뮴, 망간, 수은 이 세 가지가 가장 질환과 연관성이 높은 것으로 드러났다. 환경 독소에 의해 발병률이 높은 질환으로는 알츠하이머병, 파킨슨병, 근위축성 측삭경화증 등이 확인되었다. 대체로 신경퇴행성 질환의 발병과 진행에 큰 영향을 미친다는 사실을 확인할 수 있었다.

　비소는 대표적인 환경 독소로, 특히 무기비소inorganic arsenic는 신경 세포 손상 및 퇴행을 촉진할 가능성이 높은 것으로 보고되었다. 연구에 따르면 무기비소의 주요 노출 경로 중 하나는 농산물이었다. 특히 곡류

　　　　　　　　우리 아이들의 미래가 보이지 않는 이유

(쌀과 밀가루)가 주요 기여 요인으로 밝혀졌다. 하지만 다행히도 최근 농산물의 평균 비소 오염도는 감소하는 추세다. 검출률도 점차 낮아지고 있다.

반면에 수산물의 무기비소 오염도는 우려되는 수준으로 증가하고 있다. 2016년 조사에서 수산물의 무기비소 평균 오염도는 0.293 ppm(검출률: 35.6%)였는데, 2022년 조사에서는 평균 오염도가 0.367 ppm(검출률: 65.8%)으로 약 25.3% 증가했다. 카드뮴, 수은의 오염도도 수산물에서 높다는 것을 고려하면, 수산물 섭취량 조절이 필요한 것은 자명한 일이다.

**올바른 생활 습관 TIP**

참치, 대형 어류 등의 섭취 빈도를 낮춰야 한다. 특히 참치통조림을 섭취할 때는 국물까지 함께 섭취하지 않도록 해야 한다. 그리고 쌀과 밀가루 섭취량을 상대적으로 줄이고, 다양한 식단을 구성하는 게 중요하다. 채소의 섭취 비율을 높여야 무기비소 노출량을 줄일 수 있기 때문이다.

# 발암물질을
# 먹고 자라는 톳

해조류 톳은 바다의 보고寶庫이자 영양의 결정체라고도 불린다. 톳에는 칼슘, 식이섬유, 미네랄 등이 풍부해 건강식으로도 잘 알려져 있다. 그런데 문제가 있다. 바로 톳이 As(무기비소)$^{Arsenic}$에 오염되었다는 사실이다. 무기비소는 국제암연구소IARC에서 지정한 1군 발암물질로 저농도라도 장기간 노출되면 암, 신경계 손상, 심혈관질환 등을 유발할 수 있어 주의가 필요한 성분이다. 2024년 2월 발표된 정부 조사를 보면, 톳에서 우려할 만한 수준의 오염도가 보고되었다. 톳의 무기비소 함량은 6.675 ppm으로 사과 대비 6,675배, 소고기 대비 6,675배, 백미 대비 64배에 달하는 수치를 보였다. 사실 노출 기여도는 곡류가 더 높지만, 이는 섭취량이 많아서일 뿐이어서, 정부 입장에선 쌀 섭취량과 평균 오염도가 감소 추세이기 때문에 크게 문제 삼지 않았다. 그러나 톳은 오염도가 특이하게 높은 식품으로 모자반과 함께 지목됐다. 그리고 오염도와 노출량이 증가한 식품으로도 지목됐다. 다행히도 현재까지의 노출량은 '인체 노출 안전기준' 대비 안전한 편으로 보고 있다. 그러나 한편으로는 톳과 모자반의 무기비소 저감을 위한 조리 및 섭취 가이드의 지속적인 홍보가 필요하다는 사실을 강조하고도 있다. 이는 톳 섭취량이 많은 사람이 있을 수 있어 선제적으로 주의를 주는 것이라고 볼 수 있다.

톳에서는 왜 무기비소가 많이 검출되는 걸까? 톳은 연안 암반에 부착해 성장하는 해조류로, 암반에서 용출되는 무기비소를 흡수하는 특성이 있다. 게다가 세포벽의 표면적이 넓어서, 많은 양의 무기비소가 내부에 머물기 쉽다. 톳을 날로 먹거나 가볍게 데치기만 해서는 무기비소 제거가 어렵다는 점을 기억해야 한다. 정부 조사에서도 톳의 높은 오염도를 지적하며 삶아서 먹는 것이 가장 안전한 방법이라고 권고하고 있음을 꼭 기억하자.

**올바른 생활 습관 TIP**

그래서 톳을 안전하게 먹으려면, 반드시 삶아야 한다. 끓는 물에 5~10분 정도 삶으면 그 과정 중에 무기비소가 상당량 제거된다. 삶고 난 톳의 물은 버리고 깨끗하게 헹궈 먹어야 한다.

# 8

# 즉석식품의
# 위험한 진실

바쁜 일상에 맞춰 간편한 즉석식품이 발달하는 건 어찌 보면 당연한 일이다. 문제는 이 즉석식품이 BPA(비스페놀A)와 유해 금속의 주요 노출원일 수 있다는 사실이다. 2025년 5월 국제 학술지 *Toxics*에 발표된 연구[35]를 보면, 이탈리아 시칠리아 지역 슈퍼마켓 및 온라인에서 구입한 즉석식품 120종(어류 90종, 육류 30종)을 분석한 결과가 나와 있다. 그 결과는 매우 충격적이었는데, 어류 샘플의 70%, 육류 샘플의 90%에서 BPA가 검출되었다. 특히 인도네시아산 게살 통조림에서는 47.69 μg/kg, 이탈리아산 닭가슴살 통조림에서는 29.57 μg/kg으로 검출되었다. 반면, 유리병이나 플라스틱 포장 식품에서는 BPA가 거의

우리 아이들의 미래가 보이지 않는 이유

검출되지 않았다.

여기서 주목할 점은 비스페놀류는 대부분 통조림 포장에서만 검출되었다는 사실이다. 즉, 우리가 통조림을 자주 섭취할수록 환경호르몬에 반복적으로 노출될 가능성이 높아진다는 뜻이다. 중금속도 예외는 아니었다. 일부 샘플에서는 납과 카드뮴이 EU 기준치를 초과하기도 했다. 위해도 평가 결과, 아직은 안전한 수준이라고 밝히고 있다. 하지만 최근 EFSA(유럽식품안전청)의 BPA에 대한 TDI(일일섭취허용량)를 0.2 ng/kg bw/day로 대폭 강화한 기준으로 살펴보면 얘기가 달라진다. 건강 위해 가능성이 있다고 볼 수밖에 없다. 또한, 주 2회 섭취를 가정한 EWI(주간섭취량) 평가는 대부분 제품이 EU 기준 이내였지만, 누적 노출을 고려하면 결코 안심할 수 없다는 것도 기억해야 한다.

---

**올바른 생활 습관** `TIP`

통조림 섭취 빈도를 줄이는 게 가장 중요하다. 환경호르몬 측면에서 통조림보다는 유리병 등 대체 포장 제품을 선택하는 게 낫다. 만약 통조림을 사야 한다면, 유통기한을 따져보아야 한다. 유통기한은 대략 2~3년 정도이며, 길게는 5년 정도 한다. 그러므로 유통기한이 1년밖에 남지 않은 통조림은 구매하지 않는 것이 좋다.

# 대물림되는
# 환경 문제와 인체 독성

# 잔류 세제의
# 인체 독성

세제를 안 쓰는 집은 없다. 세탁세제든 주방세제든 어떤 형태의 세제든 집에 비치하고 사용하고 있기 마련이다. 그렇다면 우리는 평소에 얼마나 세제를 섭취하고 있을까? 국밥이나 찌개류 등에 많이 사용되는 뚝배기를 충분히 세척하고 건조한 뒤 열을 가하면 뚝배기 안에 스며 있던 세제가 서서히 빠져나오는 것을 확인할 수 있다. 용출량은 약 30 mg 정도다. 충분히 세척한 깨끗한 식기라고 해도 실제로는 상당한 세제가 잔류하고 있다는 것을 알 수 있다. 뚝배기 용기 1개당 30 mg이라는 수치는 우리가 일주일에 뚝배기 음식을 3번 정도 먹게 되면, 1년에 한 스푼의 세제를 먹는다는 뜻이 된다. 나무 주걱 역시 충분

우리 아이들의 미래가 보이지 않는 이유

히 세척하고 건조한 다음에 다시 끓여 잔류 세제를 확인하면 거품과 함께 잔류하는 세제가 나오는 것을 확인할 수 있다. 그리고 이 문제는 일반 플라스틱 용기에서도 비슷하게 나타났다. 이밖에도 세탁 세제 또한 의류에 잔류 세제가 남는 것을 확인할 수 있었다. 세탁 시 헹굼의 횟수나 기능에 따라 검출량은 다르게 나타났지만, 확실한 것은 잔류 세제가 의류에 남을 가능성이 매우 높다는 사실이었다.

세제에는 다양한 화학물질이 존재한다. 가장 대표적인 성분은 바로 계면활성제surfactant다. 계면활성제는 사실 통칭하는 용어이며, 일상적으로 사용되는 종류는 매우 많다. 화학적으로 한쪽이 물과 친한 성질(친수성)을 갖고 있고, 다른 한쪽이 물과 친하지 않은 성질(소수성)을 갖고 있다면, 어떤 화학물질도 계면활성제가 될 수 있다. 이런 특징 때문에 계면활성제가 포함된 세제를 사용하면 물에 닦이지 않는 각종 때에 계면활성제의 소수성 부분이 달라붙게 되고, 친수성 부분이 물과 함께 떨어져나오면서 세척이 된다.

계면활성제의 소듐 라우레스 설페이트Sodium laureth sulfate라는 화학 성분은 피부를 건조하게 하고, 눈에 자극을 주는 독성을 가지고 있다. 또한, 동물에게 경구 투여한 실험에서는 위장 점액 생산을 자극하고, 때로 펩신* 불활성화를 일으키는 독성을 보였다. 그리고 코코넛 디에탄올아미드Coconut diethanolamide라는 또 다른 성분은 지속적으로 노출됐을 때 접촉성 알러지성 피부염을 일으킬 수 있는 위험을 보였다. 이

---

* 펩신: 척추동물의 위액 속에 있는 단백질 가수 분해 효소.

외에도 인체 발암성 가능 물질로 IARC(국제암연구소) 기준으로는 그룹 2B에 속하는 독성을 갖고 있어 사용에 주의가 필요하다. 2B는 동물이나 사람에게 암을 유발할 가능성이 명확하지는 않으나, 완전 없다고 명확히 결론을 내릴 수 없는 경우를 말한다. 계면활성제 성분은 이 밖에도 있지만 일반적으로 장기간 섭취할 경우, 동물실험 결과 피부염을 유발하고 간에 영향을 주는 것으로 알려졌다.

세제 종류에 대해서 알아보면 보통 1종, 2종, 3종으로 분류하는데, 1종은 과일과 채소 세척용이고, 2종은 식품과 조리 기구 세척용이며, 3종은 보통 공장에서 식품 제조 가공 장치 세척용이라고 보면 된다. 여기서 사람들이 흔히 착각하는 문제가 1종은 식품 세척용이니 매우 안전할 것으로 생각한다는 점이다. 실제로 이 부분을 마케팅 수단으로 삼는 회사도 많다. 세제 광고를 보면 '안전한 1종'이라는 표기를 흔하게 사용하고 있다. 이쯤 되면 소비자들도 1종만 찾다보니 마트에 가면 2종 세제는 찾기 힘든 상황이 되었다.

하지만 실상은 다르다. 안전성에 따라 1종, 2종, 3종을 나누는 것이 아니라 단순히 용도별로 분류한 것일 뿐이다. 1종 세제는 안전해서 먹어도 상관없다는 생각은 틀렸다. 1종이든 2종이든 용도별로 사용한 후에는 반드시 씻어서 깨끗이 제거해야만 한다. 정부에서는 이런 문제를 바로잡기 위해 숫자 기재 대신 용도에 맞게 구체적으로 용도를 표기하는 방식으로 바꾸고 있다.

문제는 식당이다. 뚝배기 등은 잔류세제가 잘 빠지지 않기 때문에 반드시 열처리를 하거나 베이킹 소다 등으로 한 번 더 세척하는 등의 규정 마련이 필요하다. 아니면 관련 내용을 널리 홍보해 식당에서도 항상 인지하게끔 하는 것도 방법이다.

**올바른 생활 습관** TIP

세제를 구입하면 반드시 용도에 맞게 사용하고 주의 사항을 확인하여 정량을 지키는 것이 중요하다. 계면활성제가 미량이라도 남아 있다면 손으로 만졌을 때 미끈거림이 남아 있기 때문에 식기의 세제를 헹궈낼 때는 뽀드득한 느낌이 들 때까지 씻어야 한다.

# 제로 음료의
# 배신

당뇨병은 그 자체로도 위험한 질병이지만, 각종 합병증을 유발한다는 점에서 더욱 위험한 질환이다. 건강검진을 하게 된다면 '당수치'를 꼭 체크하는데, 그 이유는 당뇨병으로 인한 합병증 위험을 확인하기 위해서다. 만약 당수치가 높다면 설탕을 비롯한 각종 탄수화물 섭취를 줄이기 위해 노력해야 한다. 하지만 사실상 단맛을 줄인다는 건 매우 어려운 일이기 때문에 요즘은 인공감미료가 유용한 대안으로 자리 잡고 있다.

인공감미료의 종류를 살펴보면, 대표적으로 아스파탐aspartame이 있다. 설탕과 같은 양을 두고 비교했을 때 약 200배 단맛을 내기 때문에 설탕의 200분의 1만큼만 사용해도 된다. 또한 설탕과 비슷한 가장

우리 아이들의 미래가 보이지 않는 이유

비슷한 인공감미료로 널리 사랑받고 있다. 다만 제조에 필요한 페닐알라닌phenylalanine의 경우 페닐케톤뇨증 환자에 대해 유해 가능성이 있다. 다행인 것은 그 외의 일반인은 크게 우려할 필요가 없다는 사실이다. 아스파탐은 [aspartic acid(아미노산)+phenylalanine(아미노산)+메탄올]을 4:5:1로 제조하는데 여기서 메탄올이 논란이 되곤 한다. 메탄올은 기본적으로 시신경에 치명적이라고 알려져 있는데, 아스파탐의 약 10%가 소장에서 메탄올로 분해되기 때문이다. 이 메탄올이 흡수되면 포름알데히드로 전환이 되며 1급 발암물질이 된다. 다행히 실제로 사용하는 아스파탐 양 자체가 워낙 미량이고 그 안에 함유된 메탄올 또한 미량이기 때문에 전 세계적으로 크게 문제 삼지 않고 있다. 현재는 미국 FDA에서도 아스파탐의 안전성을 공식 발표했고, 90개 이상의 나라에서 널리 사용하고 있다.

다음으로 널리 사용되는 인공감미료로는 사카린saccharin이다. 1879년 미국 존스홉킨스 대학에서 개발한 가장 오래된 인공감미료다. 설탕의 무려 500배 단맛을 지녔으나 한때 발암성 논란에 휩싸인 적이 있다. 다행히 2010년 EPA(미국 환경보호청)에서 '인간유해우려물질 리스트'에서 완전히 삭제해 위험성 논란은 일단락되었다. 현재 우리나라에서는 사용 기준치를 정해 김치류는 0.2 g/kg 이하, 젓갈류는 1.0 g/kg 이하로 제시하고 있다.

그다음으로 널리 사용되는 인공감미료로는 수크랄로스sucralose가 있다. 미국에서는 스플렌다Splenda라는 상품명으로 더 유명하며, 국내에서는 2000년부터 사용됐다. 설탕맛과 유사하고, 설탕의 300~1,000배에 가까운 단맛을 내서 소량만 사용할 수 있다는 장점이 있다. 무엇보다 산성 성질과 열에 강한 장점을 가지고 있어 각종 산성 식품이나 고온 처리 식품에 첨가해 가공식품 등에 널리 사용되고 있다.

이 외에도 다양한 인공감미료가 식약처의 관리 감독 아래 사용되고 있는데, 위해성 관련 논란이 끊임없이 제기되고 있다. 대표적인 논란은 2017년 캐나다 매니토바 Manitoba 대학에서 기존에 연구 발표된 결과들을 분석 및 평가해 발표한 논문에서 시작됐다. 해당 논문에는 인공감미료는 결과적으로 체중감량에 도움이 되지 않고 오히려 체중증가를 유발할 수 있으며, 장기적으로는 당뇨, 고혈압, 뇌졸중, 심장질환 위험 가능성도 높다는 내용이 실렸다. 물론 장단기적 위험을 확정 짓기에는 더 많은 연구가 필요하고, 모든 이가 인공감미료 섭취를 중단할 필요는 없다고 언급했다. 다만 인공감미료를 절대적이고 건강한 대안으로 판단하거나 무분별하게 섭취하는 것은 경계해야 한다고 발표하였다.

2020년 3월에는 프랑스 국립보건의학연구소과 소르본 파리노르드 대학에서 발표한 연구 결과가 논란의 도마 위에 올랐다. 프랑스 성인 10만 2,865명을 대상으로 7년간 추적 조사한 결과 참여자의 36.9%가 인공감미료를 섭취하고 있었으며, 인공감미료를 섭취한 그룹이 섭취하지 않은 그룹보다 암 발생 위험이 약 13% 더 높았다는 사실을 알아냈다. 인공감미료가 몸에 들어가면 염증을 유발하고 DNA를 손상시켜 세포의 사멸을 막기 때문에 몸속 암세포가 사라지지 않는다고 연구자들은 주장했다. 이 밖에도 장내 박테리아의 등의 유익균을 없애고 소화 장애를 유발하고, 혈당을 직접적으로 높이지 않아도 결과적으로 혈당 조절을 방해한다는 연구 결과도 발표되어 논란은 이어졌다.

그러다 2022년 3월에 발표된 논문[36]에서 인공감미료 음료가 해롭다

우리 아이들의 미래가 보이지 않는 이유

는 증거는 없으며, 체중 등에 대해 약간은 개설될 수 있다고 밝혔다. 특히 '당뇨병 위험군'이나 '당뇨병'이 있는 과체중 또는 비만 성인에 대해서 일정 기간 대체전략으로 사용하면 이점이 있다고 보고했다.

이렇게 상반되는 연구 결과가 발표되다 보니 어떤 것을 믿어야 할지 혼란스러울 수 있다. 단 하나 분명한 점은 미국 FDA에서 공식적으로 인공감미료에 대해 권고 용량 이상만 섭취하지 않는다면 무해하다고 명확히 밝히고 있으며, 각 인공감미료별 권장 섭취량을 제시하고 있다는 점이다. 이 권고량에 따르면 수크랄로스는 성인 기준 일일섭취 허용량이 900 mg인데, 이는 제로탄산음료(355 ml기준) 캔을 하루에 18캔을 마셔야 위험 수준에 도달한다는 뜻이다. 다만 추후에 그 위험성이 밝혀질 우려가 있으므로 주의할 필요는 있다. 일반적인 섭취량이라면 심히 걱정할 필요는 없지만, 지금도 다양한 연구가 진행 중인 복합 독성에 대해서는 더 연구가 필요하기 때문이다. 어느 날 갑자기 특정 인공감미료가 어떤 성분과 같이 있을 때는 위험하다는 연구 결과가 발표돼도 이상하지 않기에 섭취 시 주의하는 것이 좋다.

## 올바른 생활 습관 TIP

인공감미료의 단맛에 익숙해져 버리면, 뇌의 보상 시스템으로 인해 지속적으로 단맛을 찾게 되어 결과적으로 비만으로 이어질 가능성도 매우 높아진다. 그러므로 단맛이 강한 음식은 과잉 섭취하지 않도록 자제하는 것이 바람직하다. 만약 필요하다면, 본인의 몸 상태에 대해 정확히 진단할 수 있는 의료진과 상의 후 평소 음식에 대한 사용량을 결정하는 것도 현명한 방법이다.

# 3

## 알게 모르게
## 먹게 되는 죽음

　2023년 3월 말 대한민국을 충격에 휩싸이게 한 사건이 발생한다. 여러 마트 등을 통해서 맛있게 섭취했던 국민 간식이라 불리던 미니카스텔라에서 방부제인 안식향산이 검출됐다는 소식이었다. 안식향산은 방부제로 빵류에는 절대 사용해서는 안 되는 금지 첨가제다. 그런데도 (탄산음료나 간장 등에는 기준치 내에서 사용 가능) 무려 0.44 g/kg이 검출되어 충격을 주었다. 식약처에서 급하게 판매 중지 및 회수 조처를 내렸는데, 워낙 빠르게 도매와 소매를 거쳐 팔렸다 보니 회수율이 1% 미만이었다.

　그런데 도대체 왜 국민간식 카스텔라에서 사용금지물질이 검출된 것일까? 중국 생산업체에 따르면 닭 사료에 안식향산 방부제를 넣었다고 한다. 그래서 사료를 먹은 닭 내에서 이 방부제 성분이 분해되거나 배출되지 않고 잔류하다가 달걀 속에 포함된 것으로 보고 있다. 문제의 달걀로 카스테라를 제조했으니, 방부제가 검출된 것은 당연한 결과였다. 해당 생산업체는 혹시나 닭이 상한 사료를 먹었다가 바이러스에 감염되거나 죽을 수도 있기 때문에 적기에 달걀 생산량을 맞추기 위해서 사료에 금지 방부제 성분을 넣었다고 해명했다.

그럼, 안식향산은 대체 무엇일까? 안식향산의 정확한 명칭은 벤조산benzoic acid이다. 러시아정교회 안식향으로 사용하던 물질의 주성분이 벤조산이다 보니, 안식향에 쓰이는 산이라고 해서 안식향산이라는 별명이 붙게 되었다. 이 물질은 보존제 역할이 뛰어나 일부 식품에만 기준치 이내로 사용이 허용되는 살생물제* 성분이다. 그런데 이 벤조산 성분은 벤조산나트륨(안식향산나트륨)이란 성분도 같이 고려해야만 한다. 벤조산을 우리가 섭취하게 되면, 음식 내의 성분과 반응해 대다수는 벤조산나트륨이라는 화학물질로 전환되기 때문이다. 즉, 우리 몸에 흡수되는 주된 형태는 벤조산나트륨이라고 보면 된다. 게다가 벤조산과 벤조산나트륨 모두 우리 몸속에서 배출되지 않고 흡수되는 양이 매우 높아 독성에 대해 눈여겨봐야 한다. 벤조산나트륨은 천식과 비염을 유발하고, 주의력결핍 과잉행동장애 증상을 유발할 수 있으며, 림프구에 돌연변이를 유발하고, 소화기 내 대사장애까지 유발할 수 있다.

---

* 살생물제: 미생물의 성장을 방해하거나 죽이는 물질을 이르는 말.

이런 문제로 인해 전 세계 모든 국가에서 기준치를 두고 관리하고 있다.

그런데 이렇게 정부에서 관리하는 거라면 걱정할 필요는 없는 거 아닐까? 안타깝지만 그렇지 않다. 과거 사건으로 거슬러 올라가면, 달걀에서 살충제인 피프로닐이 검출되어 난리가 난 적이 있다. 피프로닐은 몸에 유입되면 구토, 현기증, 간 손상 등을 일으킬 수 있는 화학물질이다. 당시 사건의 원인은 공장식 축산에 있었다. 닭은 자연스레 풀어놓으면 흙 목욕을 통해 털 속의 진드기 번식을 차단한다. 그런데 좁은 면적에 많은 닭을 사육하기 위해 공장식 축산 방식을 선택하면서 닭 털의 진드기 번식을 막을 방법이 없게 된 것이다. 이렇게 되면 닭은 극도의 스트레스를 느끼며 폐사할 수 있다. 이를 막기 위해 닭의 피부나 사료를 통해 피프로닐을 흡수시켰고, 분해될 수 없었던 살충제 성분이 달걀과 함께 나왔다. 공장식 축산 시스템은 닭 한 마리가 병이 들게 되면 좁은 공간에 붙어 있는 여러 닭이 한꺼번에 병이 들 수 있다. 결국, 이런 문제를 예방하고자 사육사는 방부제와 같은 살생물제를 사용하고자 하는 유혹에 빠질 가능성이 높다. 이렇듯 공장식 축산 시스템의 문제로부터 시작되어 식품까지 이어지는 것이기 때문에 단기간에 해결하기는 어렵다. 안식향산과 피프로닐 검사를 철저히 한다고 해서 근절될 문제는 아니다. 살생물제의 이름만 바꿔서 향후 또 다른 살생물제 파동이 일어날 가능성은 늘 도사리고 있다고 볼 수 있다.

우리 아이들의 미래가 보이지 않는 이유

문제를 해결하기 위해서는 식약처에서 달걀 관련 제품들을 더욱 엄격하게 관리 및 감독할 필요가 있다. 그리고 소비자는 동물복지인증 제품을 찾아보고 기꺼이 지갑을 여는 자세가 필요하다. 자연에서 동물을 풀어놓고 키우는 업체를 인증해 주는 게 바로 동물복지인증인데, 이런 제품은 값이 나간다는 단점(?)이 있다. 하지만 소비자가 값이 비싸더라도 동물복지인증 제품에 대해서 기꺼이 값을 지불한다면, 관련업계에서도 서서히 공장식 축산 방식에서 자연 방사 방식으로 바꿀 것이다. 문제 해결을 위해서는 소비자와 판매자와 관리자 모두가 노력해야 한다.

# 미국에서 금지
# 추진 중인 식품첨가물

2023년 2월 미국 캘리포니아주 주의회에서 유해한 특정 식품첨가물에 대한 사용 금지 법안이 제출되었다. 미국 50개 주 중에서 최초였으며, 이 법안이 만약 통과되면 2025년 1월 1일부터 바로 적용될 수 있기 때문에, 여러 식품산업에 큰 영향을 끼칠 수 있는 사안이었다. 금지 추진된 식품첨가물 5개는 브롬화 식물성 오일Brominated vegetable oil, 브로민산칼륨Potassium bromate, 프로필 파라벤Propyl paraben, 적색 염료 3호 Red dye 3, 이산화티타늄TitaniumIV oxide 등이었다. 캘리포니아 환경 건강 위험 평가국California Office of Environmental Health Hazard Assessment의 보고에 따르면 적색 염료 3호를 포함한 여러 인공 염료가 어린이에게 과잉 행

우리 아이들의 미래가 보이지 않는 이유

동 및 기타 신경 행동 문제와 연관이 있다고 밝히고 있다.

**적색 염료 3호(Rad dye 3) 화학구조**

이 중에서 2-(6-Hydroxy-2,4,5,7-tetraiodo-3-oxo-xanthen-9-yl)benzoic acid는 편의상 적색 염료 3호로 불리고 있다. 껌, 사탕, 아이스크림, 빵, 탄산음료, 과일음료, 초콜릿, 떡 등 다양한 식품에 널리 사용되는 인공색소로 암과 관련해서는 크게 문제가 없는 색소다. (실제로 인간에게 해를 끼치지 않는 용량의 약 60배를 동물에게 투여한 결과 문제가 없음이 밝혀졌다) 다만, 해당 물질에 대한 미국 FDA 역사를 살펴보면 얘기가 좀 달라진다. 1960년 FDA는 화장품과 식품에 대해 각종 식용색소를 첨가할 수 있는 일시적인 허가를 내줬다. 그리고 1969년에는 식품에 대해 영구적 사용을 허용했지만, 이후에 피부 쪽에서 암과 관련된 연관성이 확인된 후 화장품에 대한 사용을 급하게 금지했다. 문제는 식품에 대한 사용 여부에 대해서는 지금까지 어떤 발표도 하고 있지 않다는 사실이다.

그렇다면 우리나라는 어떤 대처를 하는 게 바람직할까? 나름 식약처에서 잘 관리 잘하고 있는 식용색소에 대해서 미국에서 법안이 통과되면 덩달아 사용 금지 조치를 해야 할까? 지금 미국에서 최근 문제 삼고 있는 것이 어린이 독성으로 특히, 과잉 행동 장애다. 우리나라도 어린이에 초점을 둬야 한다. 단순히 암 독성 차원의 접근이 아니라 이런 신경계 이상과 관련된 조사를 다시 시행할 필요가 있다. 그리고 개별 식용색소의 단일 독성이 아닌, 다른 음식물과 같이 있을 때의 복합 독성을 연구해 데이터를 확보해 사용 기준치를 재점검해 놓는다면, 추후 미국에서 어떤 조치가 일어나더라도 크게 염려할 필요가 없을 것이다. 그전까지는 아이들이 색소(특히 적색 염료 3호)가 많이 함유된 가공식품 섭취를 자제하도록 교육하는 것이 현명하다.

우리 아이들의 미래가 보이지 않는 이유

# 아이들을 위협하는
# 3D펜

2020년 3D프린터를 이용해 수업하던 교사 A씨가 육종암으로 사망하는 사건이 발생했다. 그러나 프린터와 암 발병 간의 연관성이 인정되지 않아 공무상 재해를 인정받지 못했다. 문제는 육종암이 발병률 0.01%의 희소 암이라는 사실이다. 이런 희소암에 걸린 사람만 3명이고, 육종암 증상과 유사한 극심한 꼬리뼈 통증을 호소한 교사도 2명이나 되었다. 그 외에도 급성 유방암과 대소변 불가 수준의 자율신경계 이상 등 피해 교사까지 합하면 7명에 이른다는 기사[37]가 전국에 퍼졌다.

그런데도 산업안전공단, 인사혁신처 모두 공무상 재해를 인정하지 않았다. 명확한 인과관계가 입증되지 않았기 때문에 이에 대해 명확히 밝혀지길 기다려야 하는 상황이다. 현재까지 전국 3D프린터 교육을 위해 보급한 학교만 5천여 곳, 보급된 프린터기만 2만여 대가 넘는다. 마치 가습기 사건과 같은 것이다. 너무나 많이 보급되었고, 너무나 많이 사용하고 있는데 인과관계가 밝혀지지 않았다. 이렇다 보니 아이들이 사용하는 3D펜도 같은 위험성을 지닌 것 아닌지에 대해 우려의 목소리가 있다. 실제로 3D펜도 3D프린터기와 매우 유사한 원리로 작동되기에 걱정이 될 수밖에 없다.

3D펜은 필라멘트라고 불리는 플라스틱을 사용한다. 버튼을 누르면 플라스틱이 녹아서 빠져나오고 바로 굳으면서 원하는 모양을 입체적으로 제작할 수 있다. 필라멘트의 주요 소재는 대부분 ABS<sup>Acrylonitrile-Butadiene-Styrene</sup>이거나 PLA<sup>Poly lactic acid</sup>다.

먼저 ABS에 대해서 알아보면 가공성, 내충격성, 내열성이 매우 뛰어나서 금속 대용으로 주목받아 자동차, 전기 기기, 헬멧, 레고블록 등에 널리 사용된 매우 유용한 플라스틱이다. 문제는 이 플라스틱을 제조할 때 원료로서 스타이렌<sup>styrene</sup>이라는 화학물질을 사용하는데, 이 과정에서 잔류하는 스타이렌이 발생하게 된다. 이 상태로 높은 열을 가하면 잔류하고 있던 스타이렌 성분이 대기 중으로 날아가게 되고 사용자는 이를 그대로 흡입하게 된다. 스타이렌을 흡입하면 신장, 간 등에 독성이 나타날 수 있다. 또한 정자 감소와 비정상적인 정자 증가, 생리주기 이상, 발암 가능성 등 다양한 문제가 발생할 수 있는 유독물질이기 때문에 조심해야 한다.

그럼 다른 필라멘트 소재인 PLA는 안전할까? 흔히 3D펜 구매할 때 무독성 또는 친환경을 강조하는 3D펜 제품의 경우는 대부분 PLA 소재

우리 아이들의 미래가 보이지 않는 이유

인 경우가 많다. PLA도 열을 받아 녹는 과정에서 일부 조직이 끊어지면서 나노 입자가 발생하게 된다. 이렇게 발생한 나노 입자를 호흡기로 들이마시게 되면 호흡기계에서 인체로 침투하고 혈류를 통해 다른 장기로 이동하게 된다. 이렇게 장기로 이동한 나노 입자가 정확히 성장기의 아이들에게 어떻게 영향을 끼칠지는 시간이 더 지나야 명확해지겠지만 불필요하게 일부러 이를 흡입할 필요가 없다는 것은 자명하다.

**올바른 생활 습관 TIP**

3D 펜 작동 시 발생하는 유해한 화학성분은 바람에 쉽게 날아가는 특성이 있다. 그러므로 3D펜을 사용할 때마다 환기가 잘되는 환경만 만들어준다면 실제로 흡입하는 유해 물질의 양은 무시해도 괜찮을 만큼 적어진다. 만약 가정이나 학교에서 3D펜으로 수업한다면 환기만 주의하면 크게 염려할 필요가 없다.

# 뒤죽박죽 재활용 정책이
# 미치는 영향

2023년 11월, 정부가 중대한 발표를 한다. 식당이나 카페 등에서 시행 중이던 일회용품 사용 규제를 철회한다는 내용이었다. 일회용품을 대체할 다회용컵을 씻을 인력 문제와 세척기 설치 부담 등으로 인해 자영업자의 부담이 커지고 있다는 판단이었다. 또한, 종이컵을 규제하는 나라가 우리나라가 유일해 더 이상 사용을 규제하지 않는다는 뜻을 밝혔다.

우리나라 국민 1명이 버리는 일회용품은 1년에 약 13.6 kg이다. 대한민국 국민이 연간 버리는 일회용품은 총 70만 톤에 가깝다. 이렇게 버려진 일회용품은 대부분 재활용이 어렵기 때문에 매립이나 소각을

우리 아이들의 미래가 보이지 않는 이유

통해 처분한다. (대부분 종이컵과 같은 종이류와 합성수지를 사용한 플라스틱이다) 그런데 전국 70%가 산지인 대한민국에서 매립할 곳은 그리 많지 않다. 결국, 상당수 소각을 통해 처분된다. 문제는 소각 장소도 찾기 어렵다는 데 있다. 소각장을 짓기 위해 주민의 민원을 감수해야 할 뿐만 아니라, 다음 선거에도 영향이 가기 때문에 어느 지자체도 적극적으로 해결하려 하지 않는다. 소각하면 대량의 이산화탄소가 배출되기 때문에 전 세계적으로 추진하는 탄소중립과도 맞지 않는다. 결국, 소각도 매립도 수월하지 않은 대한민국에서 할 수 있는 것은 사용을 줄이는 것뿐이다.

그러면 재활용만 잘하면 해결될까? 일회용 종이컵에 쓰이는 종이에는 LDPE와 같은 플라스틱이 내부에 코팅되어 있어 재활용할 수 없다. 그나마 플라스틱 빨대, 비닐봉지 등은 분리수거 후에 재활용할 수 있다. 실제로 우리나라는 특유의 국민성 덕분에 세계적으로 재활용 참여가 매우 높은 나라다. 그러나 열심히 분리수거를 해도 플라스틱 재활용률은 50% 정도다. 플라스틱을 녹여 난방에 사용한 것까지 포함한 수치라는 것을 생각하면 그리 높은 수치가 아니란 것을 알 수 있다. 난방에 사용되는 것을 제외하면 20%대에 불과하다. 환경을 위해 분리수거하는데, 오히려 플라스틱 난방으로 환경에 악영향만 주고 있는 아이러니가 아닐 수 없다. 지금도 친환경, 재활용 기술개발이 전 세계적으로 이뤄지고 있다. 앞으로 점점 재활용률은 높아질 게 분명하지만, 사실상 100% 재활용은 불가능하다. 결국 일회용 소비를 줄여야만 한다.

지구 곳곳에서는 지금도 온난화로 인한 재앙을 겪고 있다. 갈수록 자연재해의 규모가 커지고 있다. 2023년 1월 비도 잘 오지 않고 화창한 날씨를 자랑하는 캘리포니아주에서 3주 동안 연평균 강우량의 3분의 1이 내려 19명이 사망하고, 3만여 가구가 정전 피해를 겪었다. 2023년 9월에는 플로리다주에서 폭풍해일과 바람을 동반한 허리케인이 관통해 250만 명이 대피해야 했다. 우리나라도 마찬가지다. 매년 장마철이 되면 태풍에 의한 인명피해가 끊이지 않는다. 자연재해는 이제 단골 뉴스가 된 지 오래다. 이렇듯 지구에서 재앙적 피해가 생기는 와중에 전 세계가 합심해 합의안을 내놓고 있다. 그러나 각국의 다양한 이해관계로 인해 후퇴하는 정책이 생기는 것도 현실이다.

이제는 환경 문제에서 그칠 게 아니라, 우리 인체에 미치는 영향도 고려해 해결 방안을 생각해야 한다. 일회용품의 사용 증가는 결국 미세 플라스틱 섭취 증가로 이어진다. 유해화학물질이 체내에 들어올 가능성이 높아지는 것이다. 특히나 PS(폴리스티렌)Polystyrene 미세 플라스틱은 암세포 증식 속도 증대, 전이 가능성 증가 등의 문제가 명확히 밝혀졌다. 그 외의 PET, PE, PS 등에 대해서도 순차적으로 각종 실험 결과가 속속들이 등장할 것으로 예상된다. 그러니 앞으로 환경과 우리 자신을 위해 일회용품 사용을 줄여나가야만 한다.

우리 아이들의 미래가 보이지 않는 이유

# 알루미늄 원두로
# 만든 커피

2022년 9월 경기도보건환경연구원에서 캡슐커피 76개(4개 브랜드)를 수거해 알루미늄 함량을 조사한 연구 결과를 발표했다. 그 결과 캡슐커피 머신으로 커피음료를 만든 후 음료 내 알루미늄 함량은 평균 0.01 mg/L로 확인됐다. 인체 노출량은 잠정 주간 섭취 허용량[PTWI]* 대비 3% 수준으로 건강상 안전한 수준으로 평가됐다. 그리고 2023년

---

* 잠정 주간 섭취 하용량(PTWI): 체중 70kg 성인이 평생 섭취해도 인체에 무해한 1주간 섭취 한계량.

7월에 한국소비자원에서도 관련된 실험을 진행했다. 소비자 선호도가 높은 주요 브랜드 캡슐 머신의 10개에서 추출한 에스프레소의 알루미늄 용출량은 평균 0.07 mg/L이었고, 이는 일일섭취허용량 이하로서 안전한 수준임을 발표했다. 기준치 이하라 안전하다고 생각할 수도 있겠지만, 반대로 커피 안에 알루미늄이 용출된다는 사실이 매우 불안한 것도 사실이다.

하지만 두 기관에서 진행한 연구 결과에는 한 가지 오류가 있다. 커피 캡슐에 알루미늄 소재가 쓰이니, 커피 추출액에서 알루미늄이 용출됐다면 당연히 커피 캡슐에 나왔을 것으로 생각한 것이다. 얼핏 생각하면 맞는 가설 같지만, 안타깝게도 커피 원두 가루 자체에서 알루미늄이 함유되어 있을 수 있다는 사실은 전혀 고려하지 않았다. 키피 원두 가루에서 알루미늄이라니? 황당한 얘기 같겠지만, 다음 논문에 흥미로운 결과가 등장한다.

2020년 *ACS Omega*라는 저널에 Aluminium in Coffee라는 제목의 논문[38]이 게재됐다. 다양한 GCB Ground Coffee Beans* 를 어떤 추출 장비로 커피를 추출했을 때, 알루미늄 농도가 높은지를 분석한 연구논문이었다. 해당 논문은 아래처럼 다양한 샘플을 사용하였다.

### 1. 직접 분쇄한 아라비카종 커피 샘플

　1) 원산지: 에티오피아(WC1)

---

* GCB(Ground Coffee Beans): 커피 원두를 분쇄해서 만든 가루 상태의 커피.

우리 아이들의 미래가 보이지 않는 이유

2) 과테말라(WC2)

3) 케냐(WC3)

4) 니카라과(WC4)

## 2. 일반 슈퍼마켓에서 구매한 사전 분쇄 커피 샘플

1) CC1: 아라비카종, 멕시코산

2) CC2: 아라비카종, 멕시코산

3) CC3: 아라비카종과 카네포라종의 혼합

4) CC4: 아라비카종과 카네포라종의 혼합

## 3. 알루미늄 캡슐에 포장된 사전 분쇄 커피 샘플

1) AC1

2) AC2

그런데 분석 결과, 놀라운 결과가 확인된다. 다양한 종류의 커피 원두 가루를 분석했을 뿐인데, 아래 표에 나온 것처럼 1. 51 mg/kg ppm 부터 최대 15.51 mg/kg ppm까지 측정된 것이다. (모든 샘플은 건조된 상태에서 측정되었다) 경기도보건환경연구원과 한국소비자원에서 각각 0.01 ppm, 0.07 ppm이 측정된 것보다 훨씬 높은 알루미늄이 커피 원두 가루에서 나왔다는 뜻이 된다.

커피 원두에서 왜 이렇게 높은 알루미늄이 측정된 걸까? 이유는 여러 가지가 있는데, 해당 논문에서는 지리적 출처를 한 원인으로 지적

## 다양한 GCB의 알루미늄 농도 (단위:mg/kg dw)

| sample ID | min | median | max |
|---|---|---|---|
| WCI | 3.21 | 5.37 | 8.40 |
| WC1 (sb) | 2.59 | 3.77 | 7.18 |
| WC2 | 3.01 | 4.98 | 6.70 |
| WC3 | 1.54 | 2.46 | 3.63 |
| WC4 | 2.31 | 3.11 | 4.04 |
| CCI | 3.74 | 5.32 | 5.68 |
| CC2 | 4.04 | 4.74 | 6.61 |
| CC3 | 11.71 | 13.82 | 15.51 |
| CC4 | 7.74 | 7.99 | 10.19 |
| ACI | 1.56 | 2.21 | 2.74 |
| AC2 | 1.51 | 1.80 | 3.82 |

하고 있다. 원래 알루미늄은 희귀한 원소가 아니며, 지각에서 산소, 규소 다음으로 풍부한 원소다. (그래서 알루미늄 캔이 싼 거다) 그러니 커피 식물이 자라면서 이런 금속 성분을 흡수해서 커피 원두에서 알루미늄이 관찰되는 것은 그리 놀라운 일이 아니다. 그리고 지역별 토양 조성이 달라서 지역마다 재배되는 커피 식물의 알루미늄 농도는 다를 수밖에 없다. 심지어 같은 지역에서 재배되는 커피 식물이라 하더라도 토양 조성이 바뀌면 알루미늄 양이 바뀌게 된다. (대한민국에서 재배해도 서울과 부산의 토양 환경이 다른 것처럼 말이다)

또 다른 이유로는 커피가 수확된 후 공정 및 포장하는 과정이 커피 원두의 금속 함량에 영향을 줄 수 있음을 지적하고 있다. 샘플 중 CC3와 CC4의 경우 유독 알루미늄 함량이 높았는데, 그 이유는 이 제품들이 유

우리 아이들의 미래가 보이지 않는 이유

일하게 분쇄된 커피 원두를 알루미늄 코팅이 된 포장제에 담은 샘플이었기 때문이다. 알루미늄으로 코팅된 포장재를 사용하면 향기를 보존할 수 있어 사전 분쇄된 커피 원두의 포장재로 흔히 사용된다. 알루미늄이 직접 커피 원두에 닿은 채 시간이 오래 지나게 되면 원두의 산성 화학물질로 인해 일부 알루미늄이 이탈할 수 있다. 하지만 알루미늄이 폴리에틸렌 같은 플라스틱으로 코팅돼 있다면 알루미늄 용출을 막을 수 있다. 캡슐커피의 경우, 알루미늄 겉면이 폴리에틸렌 같은 소재로 코팅되어 있다. 그래서 위의 표에 나온 것처럼 알루미늄과 직접 접촉하지 않은 캡슐 내 커피 가루는 알루미늄 함량이 다른 샘플에 비해 현저히 낮은 걸 볼 수 있다. 또는 분쇄 과정에 알루미늄 소재에 노출되어도 비슷한 현상이 발생할 수도 있다.

다양한 추출 장비를 이용해 커피를 내려 알루미늄 함량 변화를 관찰했을 때는 매우 흥미로운 결과가 관찰되기도 했다.

**다양한 양조 방법(n = 40, CAP 방법 제외: n = 10)과 예상 주간 섭취량(mg) 및 하루 0.5 L 커피를 소비하는 70kg 사람의 총 알코올 함량(TWI)의 평균 SD 함량**

| 양조 방법 | 총 Al (μg L-1) | 예상 주간 섭취량 mg | % of TWI |
|---|---|---|---|
| TUC | 19.08 ± 4.45 | 0.067 | 0.10 |
| ALP | 72.57 ± 23.96 | 0.254 | 0.36 |
| STP | 39.77 ± 10.97 | 0.139 | 0.20 |
| FIM | 39.68 ± 5.44 | 0.139 | 0.20 |
| CAP | 18.26 ± 6.01 | 0.064 | 0.09 |

※ 다양한 추출 기법으로 커피를 추출한 뒤의 알루미늄 농도 (단위:μg L-1)

위에 나와 있는 것처럼 TUC 추출 방식[*]에서 검출된 알루미늄 농도는 $19.08 \pm 4.45$ $\mu g$ L[-1] (약 0.019 $\mu g$ L[-1])였다. 그리고 캡슐커피를 통해 나온 커피의 알루미늄 농도는 $18.26 \pm 6.01$ $\mu g$ L[-1] (약 0.018 $\mu g$ L[-1])였다. 즉, 두 방식 간 검출된 알루미늄 농도 사이에는 통계적으로 유의미한 차이가 없었다. 논문에서는 그 이유를 이렇게 설명하고 있다.

"커피 캡슐의 알루미늄은 플라스틱 층으로 코팅되어 있어, 물과 직접적으로 닿지 않는다. 만약 알루미늄이 물과 접촉하려면 알루미늄 층이 손상되거나 뚫린 부분이 있어야 한다. 하지만, 이 또한 물과 캡슐 알루미늄의 접촉 시간이 매우 짧아서 알루미늄 용출이 많이 일어나지 않을 수 있다. 덧붙여 뚫린 부분의 노출 면적은 아주 작다. 이 때문에 알루미늄 용출량이 전체 알루미늄 함량에 영향을 끼치지 못한 것으로 해석된다."

만약 커피 캡슐의 알루미늄 문제에 대해 논하고 싶었다면, 에스프레소 추출물이 아니라 커피 캡슐 자체를 실험했어야 한다. 예를 들어서 커피 캡슐을 커피와 비슷한 산성도와 열에 노출하거나, 커피 원두 가루 자체를 분석한 뒤 캡슐 머신 통과 후에 얼마나 알루미늄이 증가하는지 등을 측정해야 한다. 그런데, 경기도보건환경연구원과 한국소비자원에서 실험한 결과는 커피 안에 알루미늄이 있다는 점을 고려하지 않았다.

---

[*] TUC 추출 방식: 커피 가루를 300 ml 용기에 담고, 물을 넣어 가열판에서 끓임. 용기를 즉시 제거하고, 실온에서 10분간 냉각한 후 40 ml의 액체를 취하여 4000 ppm으로 10분간 원심 분리. 상층액 중 5 mL를 플라스틱 용기에 거르고 추가적인 분석을 위해 보관.

우리 아이들의 미래가 보이지 않는 이유

선의의 의도로 진행한 실험이었으나 소비자에게 잘못된 정보를 주게 되었다. 필자가 커피 내용물을 뺀 알루미늄 캡슐만 가지고 알루미늄 용출 여부를 진행한 결과, 유의미한 알루미늄 용출은 확인되지 않았다.

이 내용만 보면, 캡슐커피를 마음껏 마셔도 괜찮다고 생각하기 쉽다. 하지만 실상을 보면 다른 문제가 더 있다. 캡슐커피는 연간 약 3억 개가 소비된다. 문제는 일부 업체만 수거할 뿐, 대부분은 분리 배출되지 않아 재활용 없이 매립 또는 소각되고 있다는 사실이다. 대게 매립은 쉽지 않아 소각되는데, 이때 이산화탄소는 물론이거니와 알루미늄 입자가 생성돼 제대로 필터링되지 않은 채 외부로 배출되면 신경독성 등의 위험 물질이 될 수 있다. 그리고 전 세계 전기 소비량의 3%가 알루미늄 생산에 쓰인다는 걸 잊으면 안 된다. 알루미늄 1톤을 생산할 때 평균 8톤의 이산화탄소가 생성된다. 연간 5억 톤이 발생하는 것이다. 알루미늄 전체 용도에서 알루미늄 캡슐 사용량은 상대적으로 적지만, 지금도 계속 느는 추세다. 이런 식으로 캡슐커피가 대중화되면 또 다른 사용처도 생겨날 가능성을 무시할 수 없다. 따라서 캡슐커피를 마신다고 알루미늄 섭취를 걱정하기보다, 환경을 위해 일회용 제품 소비를 줄이는 노력이 더 중요하다.

# 대기오염이 선물한
# 질병들

최근 연구[39]에 따르면 미세먼지(PM2.5)와 오존의 복합 노출이 단일 오염물질에 노출될 때보다 건강에 심각한 영향을 미치는 것으로 나타났다. 미세먼지와 오존이 함께 일으키는 염증 반응과 산화스트레스로 일종의 시너지 효과가 나타나는 게 확인됐다. 문제는 이것 때문에 어린이와 노인의 호흡기 질환 위험성이 크게 높아졌다는 사실이다. 그뿐만 아니라 사망률도 높아졌고, 그 외 심장박동 이상, 염증 반응의 악화, 심지어 알츠하이머병의 발생 위험까지 최대 2~3배 이상 증가하는 것으로 연구[40] 결과 밝혀졌다. 동물실험 결과에서조차 미세먼지와 오존에 동시 노출되면 호흡기 및 심혈관계 손상을 심화시키는 것으로 확인되

우리 아이들의 미래가 보이지 않는 이유

었다.

게다가 미국에서도 오존 농도가 평균 0.035 ppm을 넘기면, 폐질환이나 심뇌혈관 질환의 위험이 뚜렷하게 증가한다는 연구 결과가 있다. 특히 오존 농도가 단 0.01 ppm만 높아져도, 폐질환의 위험은 12%, 심뇌혈관 질환의 위험은 3% 증가하는 것으로 나타났다.

최근 한국의 오존 농도를 생각하면 해당 논문들이 시사하는 바가 매우 크다. 오존 생성의 근본적인 원인은 자동차, 공장, 전기 등 화석연료 연소 과정에서 배출되는 질소산화물이다. 우리나라는 오존 농도가 1시간 평균 0.3 ppm을 넘으면 경보, 0.5 ppm을 넘으면 중대경보로 설정하여 관리하고 있지만, 해당 수치에 도달하면 외출 자제 또는 휴교 권고 정도만 한다. 그 이상의 어떤 조치는 없다. 오존 농도가 높아졌다고 해서 공장 가동을 멈추고, 자동차 사용을 막는 것은 현실적으로 쉽지 않기 때문이다. 우리나라는 2022년에 이미 평균 오존 농도가 0.032 ppm에 도달했다. 심할 때는 시간당 최대 농도가 0.232 ppm에 도달하기도 한다. 수시로 0.035 ppm을 넘나들고 있기 때문에 오존 농도를 살펴 실외 활동을 자제할 필요가 있다.

# 9

# 야외 근무자가
# 간 질환에 걸린 이유

우리는 흔히 자동차 배기가스나 미세먼지에 대해선 경계하지만, 타이어에서도 독성 화학물질이 생성된다는 사실은 잘 알지 못한다. 최근 연구[41]에 의하면 타이어의 고무 산화방지제로부터 유래된 물질이 야외 근무자의 간 건강에 심각한 위협이 될 수 있다는 사실이 밝혀졌다.

타이어에 함유된 산화방지제 6PPD N-(1,3-dimethylbutyl)-N'-phenyl-p-phenylenediamine가 오존과 반응하면 6PPD quinone(통칭 6PPD-Q라고 한다)라는 산화물이 생겨난다. 보통 자동차가 도로를 달리면서 마모된 타이어의 입자에 포함되어 있다. 6PPD-Q는 인체 연구를 통해 사람의 혈액과 소변에서도 검출되는 독성물질이다. 이 연구는 중국 충칭시에서 진행되었는데, 야외에서 교통 업무를 맡은 남성 경찰관 20명과 실내 근무자 20명을 대상으로 진행되었다. 그리고 다음과 같은 결과를 발표하였다. 혈중 6PPD-Q 농도가 실내 근무자는 0.86 μg/L인데, 야외 근무자는 2.20 μg/L로 무려 2.5배 이상 높게 나타났다. 6PPD-Q는 소변으로 잘 배출되지 않고 체내에 축적된다는 특징이 있다. 이는 시간에 지날수록 내부 장기에 지속적으로 영향을 줄 수 있다는 의미와 같다.

연구 결과, 6PPD-Q의 농도가 높을수록 간염 지표(예: AST, ALT)와 염증 지표(백혈구 수, 림프구 비율 등)가 함께 상승하는 경향을 보였다. 이는 6PPD-Q가 간과 면역계에 모두 영향을 줄 수 있음을 시사한다. 또한 중성지방 증가, 공복혈당 및 HbA1c 감소 등이 보였으며, 이에 따라 대사 불균형이 나타나는 등 지질 대사 교란이 관찰되었다. CT촬영 결과에서도 지방간, 간낭종 등 간 손상이 확인되었다. 즉, 6PPD-Q가 유발한 산화스트레스와 면역 과잉 반응으로 인해 간세포가 공격받고, 지방이 축적되고, 섬유화, 기능 저하로 이어진다는 사실을 확인할 수 있었다. 간단히 말해 간염과 지방간 위험을 높이는 게 확인되었다. 그리고 통계 분석(로지스틱 회귀 분석) 결과, 6PPD-Q 농도가 1 μg/L 증가할 때마다 간 질환 위험이 2.31배나 증가하는 것으로 나타났다. 이는 이 물질의 독성 위험을 강하게 시사하고 있다. 이전에도 6PPD-Q는 연어의 급성 폐사, 어류·갑각류에 대한 독성, 쥐에 대한 간 독성 등이 보고된 바 있었다. 그게 이제는 사람의 소변과 혈청에서도 검출되고 있다. 특히 도로 위에서 장시간 일하는 야외 근로자 예를 들면 경찰, 건설 노동자, 택배 기사, 청소 노동자 등은 지속적으로 노출되고 있어 시

급히 방책이 필요하다.

　하지만 안타깝게도 현재까지 6PPD-Q에 대한 인체 위해성 기준은 존재하지 않는다. 그뿐만 아니라 관련 법적 규제나 산업안전보건 가이드라인도 부재한 실정이다. 이제는 새로운 환경성 독성물질로 인식하고 관리할 필요가 있다.

**올바른 생활 습관** **TIP**

만약 도로에서 근무하거나 도로 근처에서 근무하는 경우 답답하더라도 KF94 마스크를 착용하는 게 좋다. 만약 도로 근처의 가게에 근무한다면 되도록 문은 열지 말고, 바깥 공기가 안으로 들어오지 않도록 차단하는 것이 좋다. 불가피하게 문을 열어 놓아야 한다면 KF94 마스크를 착용하는 것이 건강을 위해 좋은 선택이다.

우리 아이들의 미래가 보이지 않는 이유

# 남자 불임의
# 원인

대한민국은 대표적인 저출산 국가다. 저출산이라고 하면 어떤 사람들은 단순히 젊은 사람들이 아이 낳는 걸 꺼리기 때문이라고 생각하기도 한다. 하지만 꼭 그렇지만은 않다. 한 기사[42]에 따르면 난임 문제로 고민하고 치료받는 사람이 우리나라에만 20만 명이 넘는다고 한다. 이 문제만 해결돼도 저출산 문제가 일부 해소될 수 있다는데, 왜 현대에는 이토록 난임과 불임을 겪는 사람이 많은 걸까?

중국에서도 같은 고민을 하고 있는데, 대표적인 문제 요인으로 환경 오염물질인 PFAS(과불화화합물)을 연구했다. 정액에 미치는 영향에 대한 연구논문[43]으로 남성의 정액 속 PFAS 30종의 농도를 분석하고, 정자 운동성 및 질과 어떤 연관성이 있는지를 살폈다. 그 결과는 매우 충격적이었다. 총 30종의 PFAS 중 11종이 50% 이상의 시료에서 검출되었다. 특히 PFOS, PFOA, PFHxS, 6:2 Cl-PFESA는 농도와 검출률이 모두 높았다. 더 놀라운 사실은 정자의 운동성 저하와 PFAS 간 유의미한 양의 상관관계가 확인되었다는 점이다. 그중에서도 PFHxS, 6:2 Cl-PFESA, PFOA는 정자 기능 저하를 유발하는 주요 독성 기여 물질로 지목되었다. 말하자면, 우리가 매일 같이 접하는 PFAS가 남성 생식능력을 조용히 파괴하고 있었던 거다.

우리나라는 괜찮을까? 안타깝게도 우리나라는 PFOS와 PFOA만 관리 감독하고 있다. 그래서 정수 및 식품 등에서 반복적으로 PFAS이 검출되고 있다. 특히 6:2 Cl-PFESA는 비교적 최근까지도 기존 PFAS의 대체물질로 사용되었다. (이에 대한 축적성 및 독성에 관한 연구는 아직 충분하지 않다) 대구시 상수도사업본부의 자료를 보면, 국내 수돗물이나 일부 식수원에서도 PFAS가 상시 검출되는 지역이 존재한다. 이러한 만성 노출은 이미 우리의 생식 건강을 조금씩 좀먹고 있었을 가능성이 높다. 특히 PFAS의 주요 노출 요인은 바로 식품이다. 그중에서도 수산물의 오염도는 매우 심각한 수준이다. 바다의 오염으로 인한 현상인 만큼, 범국가적인 대책 마련이 시급하다.

# 인류와 미래를 약속한
# 발암물질

dioxin(다이옥신)은 우리의 건강에 심각한 영향을 미칠 수 있는 중요한 환경 독소로 전 세계적으로 관심을 받는 화학물질이다. 다이옥신은 쓰레기 소각 과정에서 주로 발생하며, 특히 할로겐 원소를 포함하는 유기화합물이 불완전 연소될 때 생성된다. 한마디로 쓰레기를 소각하면 할수록 자연환경에는 다이옥신이 많이 배출된다. 다이옥신은 한 가지 화학물질을 의미하는 것은 아니고, 다양한 종류를 통칭하는 용어다.

다이옥신이 처음 논란이 된 계기는 2017년으로 거슬러 간다. 프랑스의 한 소비재 기업P&G의 특정 기저귀 모델에서 다이옥신이 검출되

대표 다이옥신 2,3,7,8-Tetrachlorodibenzo-p-dioxin TCDD 화학구조

었다는 소식이 전해졌다. 이 사건은 많은 이들에게 다이옥신의 존재와 위험성을 각인시켰으며, 전 세계적으로 큰 화제가 되었다. 그리고 현재까지 환경오염이 우리 생활 깊숙이 영향을 미칠 수 있음을 시사하는 큰 사건으로 기억되고 있다. 그나마 다행인 것은 우리나라에서는 기저 귀나 관련 제품에서 다이옥신이 검출된 적이 없단 사실이다.

그럼, 다이옥신의 독성은 어느 정도길래 이렇게까지 전 세계적으로 파장이 컸던 것일까? 국제암연구소는 다이옥신을 1군 발암물질로 분류하고 있다. 이는 다이옥신이 암을 유발할 수 있는 명백한 증거가 존재함을 의미하는 것이다. 그뿐만 아니라 다이옥신은 신경계, 면역계, 내분비계, 그리고 생식계에 이르기까지 다양한 건강 문제를 초래할 수 있기 때문에 전 세계적으로 주목하고 관리하는 화학물질이다. 다이옥신은 화학적인 안정성이 매우 높아 자연환경에 배출된 이후에도 미생물이나 자외선 등에 의해서 쉽게 분해되지 않는다. 게다가 지방에 잘 녹는 특성 덕분에 생물체의 지방 조직에 쉽게 축적되고, 먹이사슬을 통해 생물 농축bioaccumulation*이 이루어진다. 이에 따라 인간과 같은 고위 먹이사슬에 있는 생물일수록 다이옥신의 농도가 더 높아지

우리 아이들의 미래가 보이지 않는 이유

는 악순환이 발생한다. 특히, 다이옥신은 체내 반감기가 7~11년으로 매우 길어서 한번 축적되면 잘 배출되지 않는다는 특징이 있어 주의가 필요하다.

이런 상황에서 2024년 저널 *Environment International*에 논문 하나가 발표된다. 발표된 논문명은 「The burden of cancer attributable to dietary dioxins and dioxin-like compounds exposure in China, 2000-2020」으로, 중국에서 2000년부터 2020년까지 20년에 걸친 다이옥신 노출 정도를 연구한 결과였다. 다행히도 중국인의 다이옥신 노출 정도는 20년 동안 감소 추세였고, 이는 정부의 다양한 정책 및 규제의 결과인 것으로 파악됐다. 아마도 전에는 쓰레기 소각 등이 무분별하게 이뤄졌던 것으로 추정됐다.

그리고 이 밖에도 또 다른 충격적인 결과가 발표되었다. 수산물이 모든 식품 중 다이옥신 및 유사 화합물의 농도가 가장 높다는 결과였다. 실제 연구 결과에 따르면 해안 지역 거주자의 경우, 많은 수산물 섭취로 인해 건강에 큰 영향을 미치고 있다는 사실이 밝혀졌다. 이러한 수산물의 높은 다이옥신 농도는 바다 오염의 결과물로서 나타난 현상이다.

---

* 생물 농축: 환경 속의 특정한 물질이 생물체 안에 축적되어 먹이사슬을 거치면서 생체 내의 농도가 증가하는 현상.

소비자는 평소 다양한 식품군을 소량 섭취하는 형태의 식사로 다이옥신 축적 위험을 줄여나가는 게 좋다. 그리고 이 문제는 버린 쓰레기가 매립이나 소각을 통해 대부분 해결된다는 점에서 쓰레기를 배출하는 모두에게 책임이 있다. 그러므로 지금부터라도 다이옥신 발생의 주요 원인을 줄이기 위해서는 특정 플라스틱(PVC 등)과 같은 할로겐 원소 포함 물질의 사용을 최소화해야 한다. 이는 정부에서도 정책적으로 뒷받침할 필요가 있다.

우리 아이들의 미래가 보이지 않는 이유

# 할아버지한테 물려받은
## 간 독성

우리가 흔히 먹는 굴, 꼬마, 조개류 등 수산물이나 채소류, 가공식품, 축산물에 걸쳐 광범위하게 존재하는 중금속은 무엇일까? 바로 카드뮴이다. 우리나라의 평균 카드뮴 오염도는 2016년에 0.04 mg/kg에서 2023년에 0.043 mg/kg로 약 7.5% 증가했고, 검출률은 76.9%에 달했다. 특히 굴과 꼬막은 카드뮴 오염 1, 2위를 기록하며 고위험 식품군으로 분류됐다.

만약, 내가 먹은 카드뮴이 내 자식, 그리고 손자에게까지 세대를 거쳐서 대물림된다면, 여전히 사람들이 굴을 사 먹으려고 할까? 최근 발표된 동물실험 기반 연구[44]는 이런 우려가 단지 상상이 아닐 수 있음을 보여주고 있다. 아버지 세대에서 카드뮴에 노출되었을 때 그 독성이 세대를 건너 자손의 간 건강까지 영향을 줄 수 있음을 동물모델을 통해 확인시켜 준다.

연구팀은 먼저 부모 세대(FO)의 수컷 생쥐에게 카드뮴이 섞인 물을 3개월 동안 먹였다. 그리고 그 자손(F1)과 손자(F2)의 건강 상태를 관찰했다. 결과는 매우 놀라웠다. F1 세대의 수컷 자손에게서 지방간, 염증 증가, 혈당 조절 기능 저하, 지질 대사 이상과 같은 간 관련 징후가 나타났다. 더 놀라운 점은 F2 세대의 수컷 자손들에게서도 유사한 병리적 변화가 관찰되었다는 점이다. F1 세대에게 직접적으로 카드뮴을 노출하지 않았음에도 F2 세대가 영향을 받은 것이다. 한마디로 아버지 세대의 카드뮴 노출이 손자 세대에 이르기까지 건강 손상이 대물림되는 셈이다.

도대체 왜 이런 현상이 나타나는 걸까? 연구진은 분석을 통해 총 734개의 유전자 가운데 285개 유전자에서 RNA 메틸화에 변화가 생긴 것을 확인했다. 이러한 변화는 유전자의 발현을 조절하는 후성 유전적 시스템에 이상을 일으킬 수 있으며, 그 결과 간에 독성이 나타나는 현상이 유전된 것으로 분석했다. 이는 실로 충격적인 결과가 아닐 수 없다. 문제는 해가 갈수록 바다 오염과 함께 중금속 수치가 상승하고 있다는 점이다. 자연스레 수산물의 카드뮴 오염도도 올라가고 있다. 이런 환경오염을 당장 막을 수 없다면 적어도 소비자가 현명하게 섭취할 수 있어야 한다.

우리 아이들의 미래가 보이지 않는 이유

## 올바른 생활 습관 **TIP**

**카드뮴 노출을 최소화하려면 어떻게 해야 할까?**

수산물에도 좋은 성분이 들어 있다. 이런 성분을 현명하게 섭취하기 위해서는 가끔 삶아서 섭취하는 방식이 좋다. 물에 넣고 끓이는 과정 중에 수산물의 다양한 화학성분이 빠져나오고, 이때 중금속도 같이 용출될 수 있기 때문이다. 전부 용출되는 것은 아니지만, 분명한 중금속 감소 효과가 있으니 꼭 이 방법을 기억해 두길 바란다.

좀 더 많은 이야기를 하고 싶었지만, 그건 제 강의나 유튜브에서 하
도록 하고 이만 줄여야 할 것 같습니다. 아무래도 백과사전을 만드실
거냐는 편집자님의 한 소리를 듣지 않으려면 말입니다. 책을 다 읽고
난 독자의 목소리가 들리는 것만 같습니다. 쉽다더니 아니네! 하면서
말입니다. 되도록 이해하기 쉬우시도록 예시를 들어가며 설명을 해 보
았으나 그래도 어려웠다면 저의 부족일 것입니다. 모쪼록 읽는 순간에
는 즐거우셨기를 바랍니다.

　이 책은 단순히 세상이 얼마나 위험한지에 대해 설파하는 내용이
아닙니다. 위기탈출 프로그램하고는 다릅니다. 화학이란 언제나 우리와
함께할 수밖에 없습니다. 바닷가에서 물놀이를 해도, 고기를 구워 먹어
도, 조형물을 만들어도 우리는 화학에 둘러쌓여 있습니다. 그런데, 정작
가장 가까운 우리가 제대로 알지 못한다면 안타깝지 않겠습니까? 알면
변화할 수 있는데, 바꿀 수 있는데 말입니다. 숨을 쉬고, 음료를 마시고,
음식을 조리할 때조차 미세 플라스틱, 중금속, 과불화화합물 등이 우리

인체로 들어오고 있습니다. 이 책은 그런 것들이 어떤 경로로 우리 몸에 들어오게 되는지, 또 어떤 영향을 미치는지 알려주고자 쓰였습니다.

책을 덮으며, 독자들이 기억했으면 하는 한 가지 사실은 유해 물질의 위험성을 판가름하는 것은 '노출량'과 '노출 횟수'라는 사실입니다. 화학물질은 쉬이 없앨 수 없습니다. 실제로 인간에게 많은 편의를 제공하고 있는 것도 있고, 자연스레 생겨 나는 것들도 있습니다. 그렇기에 완전히 없앤다는 생각보다는 적절히 조절하며 건강하게 살아가는 데 초점을 맞추는 게 필요합니다. 무엇보다 지식을 알게 된 이 순간부터 시작한다면 당신의 인생은 더 건강하고 행복하고 윤택해질 것이 분명합니다. 이 책을 길잡이 삼아 위험을 피하고 적절히 조절하는 삶을 살길 바랍니다. '정확한 이해'는 우려와 공포를 지우고, '대처할 방법'을 생각하게 합니다. 그리고 그 생각은 이윽고 행동으로 연결되기 마련입니다. 바로 이것이 삶의 지혜입니다.

조리할 때 환기는 필수!
PET 생수병 말고 유리나 스테인리스 소재의 물컵 사용!
스티로폼 용기 포장 줄이기!

이런 작은 실천을 반복하는 것이야말로 화학이 말하는 가장 현실적인 실천 '안전 지침'이란 사실을 기억하기를 바랍니다. 없앨 수 없는 위험에 매달리지 말고, 불안해하지 말고, 행동하는 사람이 되길 바랍니다.

**당신의 일상이 언제나 건강하기를!**

# 참고 및 주석

1 Qi Qu, et al.,"Lithocholic acid phenocopies anti-a gein g effects of calorie restriction", Nature, 2025.

2 Wang H, et al.,"Pouring hot water through drip bags releases thousands of microplastics into coffee," Food Chemistry, vol. 415, 2023.

3 Eckardt M, et al., "Polyphenylsulfone (PPSU) for baby bottles: a comprehensive assessment on polymer-related non-intentionally added substances (NIAS),"Food Addit Contam Part A Chem Anal Control Expo Risk Assess, 2018.

4 Su Y, et al., "Steam disinfection releases micro(nano)plastics from silicone-rubber baby teats as examined by optical photothermal infrared microspectroscopy," Nature Nanotechnology, vol. 17, no. 1, 2022, pp. 76-85.

5 식품의약품안전처 2017. 식품의 중금속 기준 규격 재평가 보고서

6 오상훈 기자, 「새우깡서 미세 플라스틱 검출… 국민 하루 섭취량의 70배 달해」, 〈헬스조선〉, 2023년 7월 12일.

7 Zheng PC, et al., "Unraveling the Impact of Micro- and Nano-sized Polymethyl methacrylate on Gut Microbiota and Liver Lipid Metabolism: Insights from Oral Exposure Studies," Environmental Pollutionvol, 2025.

8 ooY, et al., "Key Findings from 2022 Korean National Cardio-cerebrovascular Disease Statistics," Public Health Weekly Report, vol.18, no.22, 2025, pp.797-813.

9 Laura M. Hernandez, et al. "Plastic Teabags Release Billions of Microparticles and Nanoparticles into Tea". Public Health Weekly Report. 2019; vol. 53, PP. 12300-12310.

10 Qiancheng Zhao et al., "Polylactic Acid Micro/Nanoplastic Exposure Induces Male Reproductive Toxicity by Disrupting Spermatogenesis and Mitochondrial Dysfunction in Mice," ACS, vol. 19, 2025.

11 이슬비 기자, 「에어 프라이어 속 종이호일… 안전성 확신할 수 없는 이유」, 〈헬스조선〉, 2023년 3월 5일.

12 Andreas Jakob et al., "Detection of polydimethylsiloxanes transferred from silicone-coated parchment paper to baked goods using direct analysis in real time mass spectrometry," J. Mass Spectrom, 2016, PP.298-304.

13 Iseline Chaïb et al., "Microplastic Contaminations in a Set of Beverages Sold in France," Journal of Food Composition and Analysis, 2025.

14 유엄식 기자, 「사과주스에 '납'성분이 웬 말…이 제품 먹지 마세요」, 〈머니투데이〉, 2023년 11월 24일.

15 Qi Jia, et al. "Genetic Correlation and Mendelian Randomization Analyses

Support Causal Relationships Between Instant Coffee and Age-Related Macular Degeneration", Food Science & Nutrition, 2025.

16 Marta Lomb et Al.,"The impact of glyphosate at regulatory "safe" levels on reproductive health: cellular and molecular disruptions on male germ line" Environment Internationa, vol. 200, 2025.

17 Hyeongi Kim, et al., "Enhanced ASGR2 by microplastic exposure leads to resistance to therapy in gastric cancer", Theranostics, 2022,

18 JTBC, 「"겨우 3달러야!"…미 10대들 '스프레이 환각' 암처럼 번진다」, 〈JTBC 뉴스룸〉, 2023년 6월 6일.

19 JTBC, 「'2천원 마약' 스프레이, 업계는 판매 중단했지만…정부는 뒷짐」, 〈JTBC 뉴스룸〉, 2023년 9월 29일.

20 김태원 기자, 「해바라기씨유에 발암물질 '벤조피렌'범벅…"절대 쓰지 마세요"」, 〈서울경제〉, 2023년 9월 28일.

21 김애린 기자, 「양식장에서 일하다 백혈병 판정…이주노동자 '칸' 산재 승인」, 〈KBS뉴스〉, 2023년 5월 19일.

22 관선정 기자, 「발암물질에 노출된 양식장 노동자들」, 〈KBS뉴스〉, 2023년 6월 16일.

23 Hyeongi Kim et al., "Personal care product use and risk of adult-onset asthma: Prospective cohort analyses of U.S. Women from the sister study", Environment International, 2025.

24 Ajchamon Thammachai et al., "Neurobehavioral Performance in Preschool Children Exposed Postnatally to Organophosphates in Agricultural Regions, Northern Thailand", Toxics, 2024.

25 Yanrong Wang et al., "Association of Household Chemicals Use with Cognitive Function Among Chinese Older Adults," Heliyon, 2024.

26 Qiaoyi Yang et al., "Microplastics in Human Skeletal Tissues: Presence, Distribution and Health Implications," Environment International, 2025.

27 Habyeong Kang et al., "Per- and Polyfluoroalkyl Substances (PFAS) and Lipid Trajectories in Women 45-56 Years of Age: The Study of Women's Health Across the Nation", Environmental Health Perspectives, 2023.

28 Min-Won Shin et al., "Concentrations of Serum Per- and Polyfluoroalkyl Substances and Lipid Health in Adolescents: A Cross-Sectional Study from the Korean National Environmental Health Survey 2018-2020", Toxics, 2025.

29 Fei Wang et al., "Serum metabolome associated with novel and legacy per- and polyfluoroalkyl substances exposure and thyroid cancer risk: A multi-module integrated analysis based on machine learning", Environment International, 2025.

30 SC Larsson et al., "Red and processed meat consumption and risk of pancreatic cancer: meta-analysis of prospective studies", Br J Cancer, 2012.

31 박치현 기자, 「울산 연안에 넘쳐나는 '중금속 폐수'」, 〈시사저널〉, 2021년 11월 28일.

32 조민정 기자, 「김밥용 김에서 중금속 초과 검출…식약처, 해당 제품 회수 조치」, 〈연합뉴스〉, 2022년 11월 1일

33 KBS2, 「인천시 '붉은 수돗물' 사과…주민·장관, 부실 대응 질타」, 〈KBS 뉴스〉, 2019년 6월 17일.

34 Melanie Engstrom Newell et al., "Epigenetic Biomarkers Driven by Environmental Toxins Associated with Alzheimer's Disease, Parkinson's Disease, and Amyotrophic Lateral Sclerosis in the United States: A Systematic Review", Toxics, 2025.

35 Federica Litrenta et al., "Bisphenols, Toxic Elements, and Potentially Toxic Elements in Ready-to-Eat Fish and Meat Foods and Their Associated Risks for Human Health", Toxics, 2025.

36 Néma D McGlynn et al., "Association of Low- and No-Calorie Sweetened Beverages as a Replacement for Sugar-Sweetened Beverages With Body Weight and Cardiometabolic Risk: A Systematic Review and Meta-analysis", JAMA Netw Open, 2022.

37 YTN, 「3D프린터 사용 교사 7명 육종암·유방암 등 발병 확인」, 〈YTN〉, 2021년 12월 8일.

38 Jakob Windisch et al., "Aluminum in Coffee," ACS Omega, 2020.

39 Jing He et al., "Synergistic Toxicity of Fine Particulate Matter and Ozone and Their Underlying Mechanisms", Toxics, 2025.

40 Michelle C Turner et al., "Long-Term Ozone Exposure and Mortality in a Large Prospective Study", Am J Respir Crit Care Med, 2016.

41 Zhihao Qin et al., "Correlation between 6PPD-Q and immune along with metabolic dysregulation induced liver lesions in outdoor workers", Environ Int, 2025.

42 김보람 기자, "불임과 다르다? YES 여성만의 문제? NO", 〈경향신문〉, 2021년 4월 28일.

43 Lan Shi et al., "Seminal per- and polyfluoroalkyl substance exposure and sperm quality impairment: from toxic target to rescue", Environ Int, 2025.

44 Huiqi Wang et al., "The involvement of m6A RNA methylation in the transgenerational inheritance of hepatotoxicity induced by paternal cadmium exposure", Environ Int, 2025.

# 참고 문헌

화학대사전 2001년 세화출판사

Fundamentals of Chemistry by Goldberg (McGraw-Hill, 5thEdition): 2006년

Chemistry by James E. Brady Wiley: 2007년

Chemistry by Brown (Pearson education): 2017년

Introductory Chemistry by Nivaldo J. Tro (Pearson education): 2017년

Polymer Chemistry: An Introduction (3판) by Malcolm P. Stevens (Oxford University Press) 1998년

고마운 고분자 이야기 (박오옥, 김범준) 자유아카데미, 2021년

## 지금 당신의 몸이 위험합니다

건강한 일상을 보낸다고 착각하는 당신을 위한 지식 한입

**초판 1쇄 인쇄** | 2025년 12월 18일

| | |
|---|---|
| **지은이** | 강상욱 |
| **펴낸이** | 노가영 |
| **디자인** | ziwan |
| **펴낸곳** | 네임리스북스 |
| **출판등록** | 2025년 8월 4일 제2025-000147호 |
| **ISBN** | 979-11-996247-0-2 (03430) |